# 铝业企业
# 防范人身事故重点措施

孙 强 主编

北 京
冶金工业出版社
2018

## 内 容 提 要

本书包括 11 章，主要介绍了铝冶金企业的有限空间作业、高处坠落、起重伤害、触电、物体打击、机械伤害、灼烫伤、坍塌、带压堵漏、误操作、火灾与爆炸人身事故防范措施。

本书可供有色冶金企业运行、检修、维护作业生产实践人员使用和科研院所相关专业技术人员参考。

**图书在版编目（CIP）数据**

铝业企业防范人身事故重点措施／孙强主编 . —北京：冶金工业出版社，2018. 1

ISBN 978-7-5024-7691-5

Ⅰ. ①铝… Ⅱ. ①孙… Ⅲ. ①铝工业—生产事故—事故分析—中国 Ⅳ. ①TF821

中国版本图书馆 CIP 数据核字（2017）第 322685 号

出 版 人　谭学余
地　　　址　北京市东城区嵩祝院北巷 39 号　邮编　100009　电话　(010)64027926
网　　　址　www.cnmip.com.cn　电子信箱　yjcbs@cnmip.com.cn
责任编辑　杨盈园　美术编辑　彭子赫　版式设计　孙跃红　禹　蕊
责任校对　郭惠兰　责任印制　牛晓波
ISBN 978-7-5024-7691-5
冶金工业出版社出版发行；各地新华书店经销；三河市双峰印刷装订有限公司印刷
2018 年 1 月第 1 版，2018 年 1 月第 1 次印刷
169mm×239mm；12.25 印张；190 千字；185 页
**49. 00 元**
冶金工业出版社　投稿电话　(010)64027932　投稿信箱　tougao@cnmip.com.cn
冶金工业出版社营销中心　电话　(010)64044283　传真　(010)64027893
冶金书店　地址　北京市东四西大街 46 号(100010)　电话　(010)65289081(兼传真)
冶金工业出版社天猫旗舰店　yjgycbs.tmall.com
（本书如有印装质量问题，本社营销中心负责退换）

# 编　委　会

# 前　言

　　为进一步强化安全生产管理工作，提高安全标准化管理水平，确保铝冶金企业生产现场的人身安全，提高全体员工对人身安全风险的辨识能力，规范作业行为及作业现场，杜绝无知性违章，实现安全风险的超前预防，按照有关安全生产工作部署，特编写了本书。

　　本书根据国家标准编制，内容包括有限空间作业、高处坠落、起重伤害、触电、物体打击、机械伤害、灼烫伤、坍塌、带压堵漏、误操作、火灾与爆炸共十一个章，每章编写均从作业前准备（人机关环）、作业中管控（过程管控、技术措施）、应急处置三个方面进行，并提出了具体的防范措施。

　　本书可作为有色冶金企业运行、检修、维护作业生产实践人员使用和科研院所相关专业技术人员参考书。

　　由于作者水平有限，书中若有不妥之处，敬请读者批评指正。

编　者

2017 年 9 月

# 目　录

# 第一章

## 有限空间作业人身事故防范措施

### 第一节  作业前准备

#### 一、管理措施

**（一）制度标准**

掌握《有限空间作业安全管理规定》、《工作票、操作票管理规定》、《高风险作业管理规定》等制度。

**（二）审核《三措两案》**

1. 现场风险辨识

（1）工作负责人组织工作班成员到现场进行风险辨识。

（2）重点分析：存在介质的物理、化学特性；存在的环境危险特性和安全作业要求。

2. 编制《三措两案》

班组（作业组）编制并初审，若是外包工程由外包单位编制并进行内部审核、批准。

3. 审核《三措两案》

班组（作业组）初审，车间审核，经分厂、生产管理部、安全环保部专业工作人员、部门负责人审核，由生产副职或总工程师批准。

### （三）办理许可证

一级有限空间必须办理《有限空间作业安全措施票》。

由工作负责人负责办理，由工作票签发人、作业单位负责人、第二监护人、厂级领导负责审批。

按照《大唐国际安全管理指导意见》规定，办理《有限空间作业安全措施票》，无须再办理《高风险作业安全许可证》。

### （四）办理工作票

办理工作票内容如下：

（1）工作负责人填写工作票及《有限空间作业安全措施票》。

（2）除长期项目部外，外包工程实行双工作负责人制，由承包方工作责人填写工作票安全措施及《危险点分析与控制措施票》，由发包方工作责人负责审核把关。

### （五）履行运行许可手续

工作负责人与工作许可人共同到现场确认安全措施。

### （六）现场安全交底

现场安全交底内容如下：

（1）由工作负责人负责交底。

（2）若使用外包队伍，则包括以下内容：

发包方工作负责人重点负责以下事项的交底：

1）准入区域。

2）工作范围。

3）周围环境存在的风险。

4）工作票安全措施。

5）应急措施、逃生路线及应急设施。

6）出入有限空间的程序和注意事项。

承包方工作负责人重点负责以下事项的交底：

1）工作任务。

2）作业风险。

3）作业过程中的安全措施。

4）工作纪律。

5）个人防护用品的使用方法。

6）内外联络方式和通讯工具使用方法。

7）应急救援措施与应急救援预案。

8）自救、急救常识。

## 二、作业环境

作业环境应注意：

（1）必须做到"先通风、再检测、后作业"。

（2）氧浓度、易燃易爆物质（可燃性气体、爆炸性粉尘）浓度、有毒有害气体浓度等，检测应当符合相关国家标准或者行业标准的规定。其中，氧气浓度应保持在 19.5%~21% 范围内。

（3）严禁使用通氧气的方法解决缺氧问题。

（4）检测仪器在使用前应校验合格，必要时可进行小动物活体试验。

（5）对长期不通风，且可能存在有机物的有限空间，必须检测硫化氢、甲烷、一氧化碳、二氧化碳等气体浓度。

（6）在有限空间内从事衬胶、涂漆、刷环氧树脂等具有挥发性溶剂的工作时，必须进行强力通风。

（7）地下维护室至少打开 2 个人孔，每个人孔上放置通风筒或导风板，其中一个正对来风方向，另一个正对去风方向。

（8）从事衬胶、涂漆、刷环氧树脂等具有挥发性溶剂及存在易燃易爆可能性的工作时，工作场所应备有泡沫灭火器和干砂等工具，并严禁明火。

## 三、人员管理

### （一）工作许可人

工作许可人应做到：

（1）作业开始前，工作许可人会同工作负责人共同到现场对照工作票逐项检查，确认所列安全措施完善和正确执行。

（2）工作许可人向工作负责人详细说明哪些设备带电、有压力、高温、爆炸和触电等危险，双方共同签字完成工作票许可手续。

（3）对进行有限空间作业时，如无《有限空间作业安全措施票》或《有限空间作业许可证》时，工作许可人应拒绝办理。

（4）有限空间作业时，工作许可人要定期到现场了解作业的进展情况。

### （二）工作负责人

工作负责人应做到：

（1）熟悉有限空间作业的措施和方案，以及整个作业过程中存在的危险因素，作业前组织工作班成员结合现场实际，开展"三讲一落实"活动。

（2）掌握作业过程中可能发生的条件变化，工作过程中对作业人员给予必要的安全和技术指导；当有限空间作业条件不符合安全要求时，立即终止作业。

（3）清点出入有限空间作业的人数，在出入口处保持与作业人员的联系。

（4）对未经允许试图进入或已经进入有限空间的人员进行劝阻或责令退出。

### （三）工作监护人

工作监护人应做到：

（1）熟悉作业区域的环境和工艺情况，掌握有限空间作业的措施和方案，了解作业过程中可能面临的危害，掌握急救知识。

（2）作业前负责对安全措施的落实情况进行检查，发现安全措施不落实或不完善时，有权拒绝作业。当安全条件发生变化时，有权停止作业。

（3）与作业人员保持联系，并观察作业人员的状况。当发现缺氧或检测仪器出现报警或其他异常情况时，应及时制止作业，并帮助作业人员从有限空间逃生，同时呼叫救援，采取救护措施。

（4）作业期间不得离开现场或做与监护无关的事情。

### （四）作业人员

作业人员应做到：

（1）接受有限空间作业安全生产知识的培训。

（2）作业前应了解作业内容、地点和工作要求，熟知作业中的危害因素和应采取的安全措施。

（3）确认安全防护措施的落实情况，经监护人同意后方可进入有限空间内作业。

（4）遵守有限空间的作业要求，正确使用安全设施和佩戴劳动防护用品，如安全帽、工作服、防毒面具或空气呼吸器等。

（5）遇有违规强令作业、安全措施不落实、作业监护人不在场等情况有权停止或拒绝作业，并向上级报告。

（6）作业中如出现异常情况或感到身体不适时，应立即向工作负责人报告，并迅速撤离现场。

## （五）培训教育

培训教育包括：

（1）工作负责人组织作业人员学习《三措两案》。

（2）若使用外包队伍，必须对外包人员进行三级安全教育，具体内容如下：

1）安全环保部对承包单位人员进行一级（厂级）安全培训教育和考试，并留存试卷。

2）分厂应对承包单位人员进行二级（部门、车间级）安全培训教育和考试，并留存试卷。

3）责任班组（专业）应对承包单位人员进行三级（班组级）安全培训教育和考试，并留存试卷。

（3）培训内容必须结合《三措两案》《安全规程》《作业指导书》，有限空间内存在介质的物理、化学特性，存在的环境危险特性和安全作业要求；出入有限空间的程序和注意事项，内外联络方式和工具使用方法；危害因素的检测方法，检测仪器、个人防护用品的使用方法；应急救援措施与应急救援预案；防护、自救以及急救常识等。

## （六）现场监护

现场监护包括：

（1）工作负责人为第一监护人。

（2）有限空间作业必须设第二监护人。有限空间作业必须设第二监护人，一级有限空间第二监护人为车间主任及以上人员（检修作业由检修车间主任担任，清理作业由生产车间主任担任），二级、三级有限空间作业第二监护人由班组具有工作负责人资格的员工担任。特殊、高危的有限空间作业由总工程师、生产副职或总经理担任。

（3）凡在容器类、仓罐类进行的工作，条件允许时有限空间内外均应设置监护人，外部监护人与容器内人员定时喊话联系。

### （七）作业人员防护

作业人员防护包括：

（1）配备符合国家标准的通风、检测、照明、通信、应急救援等设备和防护用品。防护用品应在检验期内并检验合格。

（2）不同场所个体防护：

1）粉尘较大场所，佩戴防尘口罩。

2）有害气体场所，携带气体检测仪，佩戴防毒面罩。

3）光线不足的场所，使用符合要求的行灯变压器。

4）进入有限空间作业，必须携带通讯设备。

（3）存在坍塌、掩埋、高空落物、高处坠落等风险时，工作人员应使用防坠器和全身式安全带。若使用安全绳时，安全绳的一端必须握在监护人手中且牢固地连接到外部固定物体上。

（4）高温作业时，合理安排工作时间，配备防暑降温药品和饮用水；必要时采取强行机械通风措施。

（5）作业人员感到身体不适，必须立即撤离现场。

## 四、设备管理

设备管理包括：

（1）应将与作业所在有限空间连通的管道、设备等进行可靠隔离。对于煤气、氮气、蒸汽、高温高压、酸、碱管道必须用盲板隔绝。

（2）必须做到"先通风、再检测（风险识别判定）、后作业"。在作业环境条件可能发生变化时，应对作业场所中危害因素进行连续或定时检测，如氧浓度、易燃易爆物质（可燃性气体、爆炸性粉尘）浓度、有毒有害气体浓度等，检测应当符合相关国家标准或者行业标准的规定。

（3）检测仪器在使用前应校验合格，必要时可进行小动物试验。

（4）对长期不通风，且可能存在有机物的有限空间，必须检测硫化氢、甲烷、一氧化碳、二氧化碳的气体浓度。

（5）存在坍塌、掩埋风险时，应先测明介质储量，并采用由上至下的作业程序，严禁在下方作业。

（6）在有限空间内从事衬胶、涂漆、刷环氧玻璃钢等具有挥发性溶剂工作时，应打开人孔门及管道阀门，并进行强力通风；工作场所应备有泡沫灭火器和干砂等工具，严禁明火。

（7）禁止使用软梯，有火险可能的如使用木梯、竹（木）质脚手架时，必须采取可靠的防火措施。

（8）配备符合国家标准的通风、检测、照明、通讯等设备和防护用品。防护用品应妥善保管，并定期检验与维护。

（9）进入金属容器、管道、舱室和特别潮湿、工作场地狭窄的非金属容器内作业，照明电压≤12V，需使用电动工具或照明电压>12V时，应按规定安装漏电保护器。

（10）作业环境存在爆炸性液体、气体、粉尘等介质时，应动态监测，浓度超标严禁作业；应使用防爆电筒或电压≤12V的防爆安全行灯，作业人员应穿戴防静电服装，使用防爆工具，配备可燃气体报警仪器并设置足够适用的灭火器材。

（11）电气焊作业时，氧气、乙炔瓶放置在有限空间外面，每次作业结束后或暂停作业，现场监护人应确认氧气、乙炔带撤出有限空间。

（12）高温作业时，应科学安排工作时间并配备相应的防暑降温药品和饮用水；必要时可采取强行机械通风的措施来降低人员中暑的可能性。

# 第二节　作业过程管控

## 一、人员进出管控

人员进出管控措施包括：

（1）执行人员、物品出入登记制度。作业结束时，要对内部进行检查并清点人员。

（2）停工期间，在有限空间的入口处设置"危险！严禁入内"的警告牌或采取其他封闭措施，防止人员误入。

## 二、监督管理

监督管理措施包括：

现场作业的工作负责人为现场作业的指挥人和第一监护人；有限空间作业必须设第二监护人，一级有限空间第二监护人为车间主任及以上人员（检修作业由检修车间主任担任，清理作业由生产车间主任担任），二级、三级有限空间作业第二监护人由班组具有工作负责人资格的员工担任；特殊、高危的有限空间作业由总工程师、生产副职或总经理担任。

## 三、作业技术措施

### （一）有毒有害、易燃易爆类（煤气炉、石灰窑、磨煤机等）

有毒有害、易燃易爆类（煤气炉、石灰窑、磨煤机等）作业技术措施如下：

（1）作业人员进入有限空间作业前，必须对毒害气体浓度进行检测，检测合格后方可进入。必须穿戴好劳保用品，包括防砸鞋、防护手套、安全帽、安全带、检测仪等，严格遵守各项安全管理的规章制度。组织作业人员针对检修工作进行安全培训教育，要求熟知作业流程、作业内容、存在的危险点和防控措施。

（2）作业前必须与运行人员确认已断电、断料、断汽，并在进料管阀门处挂"有人工作，禁止操作"的警告牌及加装盲板、加锁，全部安全措施做到位后，办理《有限空间作业安全措施票》及热力机械第一种工作票，方可进行作业；监护人员在人孔处监护作业必须手持安全绳并定期询问作业人员的安全情况。

（3）作业现场，必须严格执行有限空间进出的管理制度，防止非施工人员入内。

（4）在脚手架上作业时，施工人员必须系好安全带，做好防护措施，确认无安全隐患，方可作业。

（5）光线不足时，容器内使用安全照明行灯。

（6）进入有限空间内必须两人以上，外设专人监护。

（7）作业人员要严格遵守各项安全规章制度及操作规程，坚决杜绝违章作业、冒险蛮干行为。

（8）长时间作业时，应每隔 2 小时检测一次有害气体含量，作业中断超过 30 分钟应重新检测。

（9）作业环境存在爆炸性液体、气体、粉尘等介质时，应动态监测，浓度超标严禁作业；应使用防爆电筒或电压≤12V 的防爆安全行灯；作业人员应穿戴防静电服装；使用防爆工具；配备可燃气体报警仪器并设置足够适用的灭火器材。

（10）使用脚手架时必须进行验收，并在每次工作前对脚手架完好情况进行检查。

### （二）转动设备、槽罐类（管磨机、棒磨机、筒溶、球磨机等）

转动设备、槽罐类（管磨机、棒磨机、筒溶、球磨机等）作业技术措施如下：

（1）作业前必须与运行人员确认已断电、断料、断汽，并在进料管阀门处挂"有人工作，禁止操作"的警告牌及加锁，全部安全措施做到位后，办理热力机械第一种工作票及《有限空间作业证》，方可进行施工作业；监护人员在人孔处监护作业必须手持安全绳定期询问作业人员的安全情况。

（2）严格遵守公司安全管理制度，工作负责人组织作业人员针对进行安全交底，分析存在的危险点和防控措施。

（3）作业现场，必须严格执行有限空间进出的管理制度，防止非工作班成员入内。

（4）在脚手架上作业时，施工人员必须系好安全带，做好防护措施，确认无安全隐患，方可施工。

（5）光线不足时，容器内使用安全照明行灯。

（6）进入有限空间内必须两人以上，外设专人监护。

（7）存在坍塌、掩埋风险时，应先测明介质储量，并采用由上至下的作业程序，严禁在下方作业。

（8）进入金属容器、管道、舱室和特别潮湿、工作场地狭窄的非金属容器内作业，照明电压不大于 12V；需使用电动工具或照明电压大于 12V 时，应安装漏电保护器。

### （三）电缆沟、阀门井类

电缆沟、阀门井类作业技术措施如下：

（1）与运行人员确认安全措施，全部安全措施做到位后，办理工作票及《有限空间作业证》，作业前必须进行自然通风或强制通风，待气体检测合格后方可进入，监护人员在人孔处监护作业必须手持安全绳定期询问作业人员的安全情况。

（2）严格遵守公司安全管理制度，工作负责人组织作业人员针对进行安全交底，分析存在的危险点和防控措施。

（3）作业现场，必须严格执行有限空间进出的管理制度，防止非工作班成员入内。

（4）光线不足时，容器内使用安全照明行灯。

（5）进入有限空间内必须两人以上，外设专人监护。

（6）离开现场时，工作负责人必须清点人数，确认全部人员都安全离场后方可离开。

## 四、禁止有限空间作业情况

以下情况禁止有限空间作业：

（1）未办理工作票。

（2）工作票与有限空间作业内容不一致。

（3）作业人员身体状况不满足工作要求。

（4）无监护人员或监护人员能力不满足工作要求。

（5）未进行危害识别，作业环境检测结果不合格或存在违反《电业安全工作规程》的要求，未采取有针对性的安全组织和技术措施现象等。如：

1）未识别易燃易爆、有毒有害、缺氧、富氧状况。

2）空间上部及周边附着物有脱落可能。

3）未判定是否有突然出现介质淹没、埋没的可能。

4）未查明是否存在电击，高、低温，火灾，烫伤，辐射，噪声等严重危害的。

（6）无防护用具或防护用具不满足有限空间作业要求。

# 第三节　应急救援

应急救援包括应急救援措施和应急处置措施，具体如下：

## 一、应急救援

应急救援措施如下：

（1）有限空间作业前，技术管理人员应在危险辨识、风险评价的基础上，针对每次作业，制订有针对性的应急救援预案。

（2）明确救援人员及职责，落实救援设备和器材，明确紧急情况下作业人员的逃生、自救、互救方法和逃生路线。出入口内外不得有障碍物，确保畅通。

（3）有限空间作业发生事故时，应立即启动应急救援预案。救援人员应做好自身防护，配备必要的救援器材、器具，不具备救援条件或不能保证施救人员的生命安全时，禁止盲目施救。

## 二、应急处置

### （一）煤气中毒的应急处置

煤气中毒的应急处置措施如下：

（1）发生煤气泄漏事故时，现场工作负责人要及时组织员工进行安全撤离，发现有员工煤气中毒时，要在做好自我保护的前提下迅速将中毒员工撤离煤气区域并组织进行救护。同时按照要求逐级汇报。

（2）解开中毒者阻碍呼吸和血液循环的衣、带，将肩部垫高 10~15cm，使头尽量后仰，面部转向一侧，以利于呼吸道的畅通。

（3）轻微中毒：给予自主吸氧，必要时强制供氧。

（4）重度严重中毒：给予自主吸氧，必要时配合实施体外心脏按压，并立即送往医院抢救治疗。患者未恢复知觉前，不得送往较远的医院，要就近送往高压氧舱医院治疗。

### （二）火情（灾）的应急处置

作业中的用电设施绝缘老化发热或者电气焊（割）过程火星引起的作

业区域或下方的易燃物发生的火灾（情）事故。为防止着火事故，在动火作业前，乙方应办好动火工作票，现场做好易燃物隔离，并在现场备好灭火器。

用电设施电缆或管路保温发生着火后，现场作业人员立即汇报。同时现场负责人应立即组织相关人员进行应急处理：

（1）迅速切断着火区域使用的用电设施的电源。

（2）立即查看着火原因，针对着火地点和可燃物类型，快速组织人员进行消防灭火，合理使用泡沫灭火器、消防水带或干砂消除火灾。

（3）在保证人员安全的情况下，若着火初期火苗特别小，可以及时控制，迅速处置，消除火情。

（4）若着火规模较大，现场无法立即灭火，立即拨打119报火警，同时安排人员果断切断着火区域用电设施电源；现场尽量控制火势。

（5）派专人接应消防队，并按专业消防队伍需要，配合消除火灾。

### （三）高空坠落应急处置

高处坠落可能导致人员摔伤、骨折等后果，现场处置措施如下：

（1）封锁保护现场，使伤员脱离危险区。

（2）进行简易包扎，如果有出血情况进行止血或造成骨折进行简易骨折固定。

（3）对呼吸、心跳停止的伤员予以心脏复苏。

（4）事故发生后应立即报告应急救援领导小组。应急救援领导小组在第一时间到达后立即组织应急救援队抢救现场伤员，清理事故现场，并做好警戒，禁止无关人员进入事故现场，以免造成二次伤害。

（5）应急救援队负责消除伤员口、鼻内血块、凝血块、呕吐物等，将昏迷伤员舌头拉出，以防窒息。

（6）组织人员尽快解除重物压迫，减少伤员挤压综合证发生，并将其转移至安全地方。

（7）尽快与120急救中心取得联系，详细说明事故地点、严重程度，并派人到路口接应，同时准备好车辆，随时准备运送伤员到附近的医院救治。

（8）在没有人员受伤的情况下，现场负责人应根据实际情况研究补救措施，在确保人员生命安全的前提下，组织恢复正常施工。

### （四）机械伤害的应急处置

使用风镐、电锤、钢钎等，可能因操作不当，造成身体伤害；飞出的结疤可能防护不当伤及眼部，现场处置措施如下：

（1）发生身体伤害严重的情况时，现场要对伤口包扎止血、止痛，进行半握拳状的功能固定，并迅速将伤者送至医院。

（2）发生撕裂伤时，必须及时对伤者进行抢救，采取止痛及其他对症措施；用生理盐水冲洗有伤部位后用消毒大纱布块、消毒棉花紧紧包扎，压迫止血；同时拨打120或者送医院进行治疗。

（3）使用风镐、钢钎清理结疤时，戴好防护眼镜。

### （五）触电的应急处置

工作人员可能触及电源箱或线路破损处产生触电，应急处置措施如下：

（1）有人触电时，抢救者首先要立即根据接线情况断开近处检修电源箱（拉闸、拔插头），如触电距离开关太远，用不导电物件切断电线、断开电源，或用绝缘物如木棍等不导电材料拉开触电者或挑开电线，使之脱离电源，切忌直接用手或金属材料及潮湿物件直接去拉电线和触电的人，以防止解救的人再次触电。

（2）触电人脱离电源后，如触电人神志清醒，但有些心慌、四肢麻木、全身无力；或者触电人在触电过程中曾一度昏迷，但已清醒过来，应使触电人安静休息，不要走动，严密观察，必要时送医院诊治。

（3）触电人已失去知觉，但心脏还在跳动，还有呼吸，应使触电人在空气清新的地方舒适、安静地平躺，解开妨碍呼吸的衣扣、腰带；若天气寒冷要注意保持体温，并迅速请医生（或打120急救电话）到现场诊治。

（4）如果触电后人已失去知觉，呼吸停止，但心脏还在跳动，尽快把他仰面方平进行人工呼吸。

（5）如果触电人呼吸和心脏跳动完全停止，应立即进行人工呼吸和心脏外按压急救。

事故发生后应按照《内蒙古大唐国际再生资源开发有限公司事故调查管理办法》的规定进行汇报、上报。

# 第二章

# 高处坠落人身事故防范措施

## 第一节  作业前准备

### 一、管理措施

#### （一）制度标准

掌握《建筑施工扣件式钢管脚手架安全技术规范》JGJ130-2011、《安全工作规程》、《高风险作业管理规定》、《危险点分析与控制措施手册》等制度。

#### （二）审核《三措两案》

1. 现场风险辨识

（1）工作负责人组织工作班成员到现场进行风险辨识。

（2）重点分析：工作中遵守"四不伤害"原则；有高处作业职业禁忌证的禁止高处作业；作业中可能存在的环境危险特性和安全作业要求。

2. 编制审核《三措两案》

高处作业超过30m的，需编制审核三措两案。班组（作业组）初审，车间审核，经分厂、生产管理部、安全环保部专工、部门负责人审核，由生产副职或总工程师批准。

#### （三）办理工作票

办理工作票包括：

（1）工作负责人填写工作票。

（2）除长期项目部外，外包工程实行双工作负责人制，由发包方工作负责人填写工作票的安全措施，承包方工作负责人填写《危险点分析与控制措施票》。

（3）工作负责人与工作许可人共同到现场确认安全措施。

### （四）现场安全交底

由工作负责人负责交底：（1）工作任务；（2）工作范围；（3）工作票安全措施；（4）作业存在的风险；（5）周围环境存在的风险（天气因素等）；（6）个人防护用品的使用方法；（7）高处作业必须系安全带（安全带使用规范应符合 GB 6095—2009 中安全带使用的规定）；（8）应急救援措施与应急救援预案；（9）交叉作业等。

### （五）办理、检查高处作业证件

办理、检查高处作业证件包括：

（1）进行高处作业人员，需经培训考试合格，持登高作业证方可上岗。

（2）属于高风险作业范畴的高处作业进行高风险作业时，根据《内蒙古大唐国际再生资源开发有限公司高风险作业管理规定》须办理《高风险作业安全许可证》。《高风险作业安全许可证》由工作负责人填写并负责办理，经工作负责人所在分厂安全第一责任人审核，生产管理部、安全环保部主任（副主任）会审后，由生产副职或总工程师批准。

## 二、作业环境

作业环境应注意以下内容：

（1）高处作业应设有合格、牢固的防护栏。作业立足点面积要足够，跳板进行满铺及有效固定。

（2）洞口应装设盖板并盖实，表面刷黄黑相间的安全警示线。

（3）洞口盖板掀开后，应装设钢性防护栏杆，悬挂安全警示牌，夜间应装设红灯警示。

（4）高处作业下方必须设置安全警戒区域，并设专人看护。

## 三、人员管理

### （一）工作许可人

工作许可人应做到：

（1）作业开始前，工作许可人会同工作负责人共同到现场对照工作票逐项检查，确认所列安全措施完善和正确执行。

（2）工作许可人向工作负责人详细说明哪些设备带电、有压力、高温、爆炸和触电等危险，并要强调安全带是"保命绳"这一正确思想，避免交叉作业，双方共同签字完成工作票许可手续。

（3）对无票作业的工作，作业人员可拒绝执行。

（4）高处作业时，工作许可人要定期到现场了解作业的进展情况。

（5）根据《内蒙古大唐国际再生资源开发有限公司高风险作业管理规定》，有高风险作业时，若无《高风险作业安全许可证》，工作许可人应拒绝办理工作票。当作业条件发生变化或安全措施不能满足作业的安全要求时，工作许可人有权拒绝发出工作票或停止作业。

### （二）工作负责人

工作负责人应做到：

（1）熟悉高处作业的措施和方案，以及整个作业过程中存在的危险因素和注意事项，作业前组织工作班成员结合现场实际开展"三讲一落实"活动。

（2）掌握作业过程中可能发生的条件变化，工作过程中对作业人员给予必要的安全和技术指导；当高处作业条件不符合安全要求时，立即终止作业。

（3）工作负责人要切实履行现场安全管理责任，对施工人员的身体健康状况了解清楚，确保施工人员在身体健康的情况下进行作业。

（4）工作负责人要重视日常对施工人员的培训管理工作。

（5）工作负责人要负安全生产管理和反违章工作管理的责任。

（6）针对人身安全隐患，要有充分的认识和切实可行的措施，事前对承包工程的现场负责人、技术负责人、安全负责人进行安全技术措施交底，必须经双方签字，并留有书面记录。

（7）进行高风险作业时，根据《内蒙古大唐国际再生资源开发有限公司高风险作业管理规定》须办理《高风险作业安全许可证》。《高风险作业安全许可证》由工作负责人填写并负责办理。

（8）根据《内蒙古大唐国际再生资源开发有限公司高风险作业管理规定》进行高风险作业时，工作负责人需满足以下几点要求方可上岗：

1）工作负责人应由专业能力强、技术水平高、连续从事相关工作5年以上的人员担任，必要时可由班组长担任。

2）若使用外包队伍时，第二工作负责人由发包单位指定有工作经验和具有工作负责人资格的人员（连续从事相关工作3年以上）担任。

3）工作负责人是现场作业的协调者、管理者和旁站监护人。在工作负责人暂时离开时（不得超过两个小时），应指定胜任工作的人员旁站监护，负责现场的安全管理工作。

### （三）工作监护人

工作监护人应做到：

（1）熟悉作业区域的环境和工艺情况，掌握高处作业的措施和方案，了解作业过程中可能面临的危害，掌握急救知识。

（2）作业前负责对安全措施的落实情况进行检查，并仔细检查脚手架等高处作业设备是否牢固可靠，发现安全措施不落实或不完善、脚手架等高处作业设备不牢靠时，有权拒绝作业。当安全条件发生变化时，有权停止作业。

（3）与施工人员保持联系，并观察作业人员的状况。当发现作业人员的身体出现不适或其他异常情况时，应及时制止作业，并帮助作业人员从高处作业设备上下到地面，同时呼叫救援，采取救护措施。

（4）工作监护人要切实履行现场安全的管理责任。保证现场安全措施落实到位，做好作业全过程的监护工作。

（5）作业期间不得离开现场或做与监护无关的事情。

### （四）作业人员

作业人员应做到：

（1）高处作业人员必须体检合格。凡患有恐高症、心脏病、贫血、高血压、癫痫病等禁忌证的人员，严禁从事高处作业。

（2）登高作业人员必须经过专业技能培训，取得《特种作业操作证》（登高架设作业）。

### （五）培训教育

培训教育内容包括：

（1）工作负责人组织作业人员学习《三措两案》。

（2）若使用外包队伍，必须对外包人员进行三级安全教育。

（3）高风险作业安全培训教育、交底由分厂技术管理人员、安全监督管理人员组织，对所有参与作业的人员、监护人员进行培训、交底，并签字。若使用外包队伍，应由责任分厂级技术管理人员、安全监督管理人员组织工作负责人和作业人员进行安全知识教育。考试成绩80分及格，并保留记录。

（4）培训内容必须结合《三措两案》、《安全规程》、《作业指导书》、生产区域高处作业安全规范（HG 30013—2013）、高处作业危险点、高处坠落事故多发原因、高处坠落事故的预防、存在的环境危险特性和安全作业要求；登高作业程序和注意事项、工具使用方法；个人防护用品的使用方法；应急救援措施与应急救援预案；防护、自救以及急救常识等。

### （六）现场监护

现场监护包括：

（1）工作负责人为第一监护人。

（2）属于高风险作业的高处作业（30m 以上）必须设第二监护人。由生产职能部门有关管理人员担任，特殊、高危的高处作业由总工程师、生产副职或总经理（厂长）担任第二监护人。高处作业风险高的作业须增设监护人。

（3）凡进行属于高风险作业的高处作业时，条件允许时高处作业设备（脚手架等）的作业面上需设置监护人，高处作业设备下方需监护人与高处作业设备的作业面监护人、作业人员定时用对讲机联系，确保人员人身安全。

### （七）作业人员防护

作业人员防护包括：

（1）凡是进行高处作业施工的，应使用脚手架、平台、梯子、防护围栏、档脚板、安全带和安全网等。作业前应认真检查所用的安全投放是否牢固、可靠。

（2）凡从事高处作业人员应接受高处作业安全知识的教育；特殊高处作业人员应持证上岗，上岗前应依据有关规定进行专门的安全技术交底。采用新工艺、新技术、新材料和新设备的，要按规定对作业人员进行相关安全技术教育。

（3）高处作业人员应经体检合格后方可上岗。分厂应为作业人员提供合格的安全帽、安全带等必备的个人安全防护用具，作业人员应按规定正确佩戴和使用。

（4）应按类别、有针对性地将各类安全警示标志按照颜色主次（颜色顺序：红、黄、蓝）悬挂、张贴于施工现场各相应部位，夜间应设红灯示警。

（5）高处作业所用工具、材料严禁投掷、探身传递，上下主体交叉作业确有需要时，中间须设隔离设施。

（6）高处作业应设置可靠扶梯，作业人员应沿着扶梯上下，不得沿着立杆与栏杆攀登。

（7）在雨雪天应采取防护措施，当风速在10.8m/s以上和雷电、暴风、大雾等气候条件下不得进行露天高处作业。

（8）高处作业上下应设置联系信号或通讯装置，并指定专人负责。

## 四、设备管理

### （一）脚手架

脚手架管理措施包括：

（1）脚手架钢管规格采用外径φ48mm，长度2~6m，壁厚3.5mm钢管。

（2）脚手架板采用2m、3m、4m，厚度不小于5cm，宽度不小于20cm，严禁使用腐朽、破裂、变形严重的脚手板，严禁出现探头板，脚手板两端用8号铅丝扎紧。

（3）脚手架立杆间距1.8m，允许偏差为±200mm，大横杆间距不大于1.8m，小横杆间距不大于1.5m。

（4）扣件应无腐蚀、无裂纹；扣件必须无松动，螺栓必须紧固。

（5）6m以下设置抛撑加固，6m以上每4m与可靠建筑物连接固定脚手架。

（6）作业层要设置高 1.2m、二层高 0.6m 的双层防护栏杆。立杆必须用连墙件与建筑物可靠连接。

（7）脚手架上施工均符合荷载标准值为 $1.5kN/m^2$。

（8）脚手架与热管道、带电体保持安全距离，上下脚手架有牢固爬梯，梯节间距不得大于 0.4m。

（9）脚手架爬梯侧设置攀爬防坠器等防护用具。

（10）脚手架基础平整、牢靠，内、外立杆、主、副立杆、抛撑铺垫木板或钢槽，木垫板长度不小于 2 跨、宽度不小于 200mm，钢槽垫板需仰铺，规格 12~16 号。

（11）脚手架必须设置纵、横向扫地杆。剪刀撑斜杆应用旋转扣件固定在与之相交的横向水平杆的伸出端或立杆上，旋转扣件中心线至主节点的距离不宜大于 150mm。

（12）对接扣件开口应朝上或朝内，立杆上的对接扣件应交错布置；两根相邻立杆的接头不应设置在同步内，同步内隔一根立杆的两个相隔接头在高度方向错开的距离不宜小于 500mm；各接头中心至主节点的距离不宜大于步距的 1/3。

（13）立杆搭接长度不应小于 1m，应采用不少于 2 个旋转扣件固定，端部扣件盖板的边缘至杆端距离不应小于 100mm。

### （二）脚手架验收

脚手架验收包括：

（1）未搭设完毕的脚手架必须悬挂"未经验收，禁止使用"牌，验收完成后悬挂验收标示牌。

（2）高度 1.5~7m（不含 7m）小型脚手架，由搭设负责人、搭设单位管理人员、脚手架使用班组工作负责人、检修车间车间分管主任或车间技术员共同验收挂牌，由架子使用工作负责人组织验收。

（3）高度 7~10m 的中型脚手架和具有一定危险性的脚手架，需由搭架子工作负责人、脚手架搭设单位管理人员或安全员、架子使用班组工作负责人、检修车间分管主任或车间技术员、安全组人员、工艺室人员、当值调度、检修分管厂长等人员共同验收挂牌。由检修车间分管主任或车间技术员组织验收。

（4）凡危险性较大的地方（如高空悬挂的脚手架），或最高一层脚手架板相对地面高度超过 10m，或面积超过 50m² 的大型脚手架需执行检修作业指导书要求；需由搭架子工作负责人、脚手架搭设单位管理人员或安全员、搭设单位项目经理、架子使用班组工作负责人、检修车间分管主任或车间技术员、安全组人员、工艺室人员、当值调度、检修分管厂长等人员共同验收挂牌；同时还需由安全组通知公司相关管理部门参加验收，由分厂安全员组织验收。

（5）夜班紧急消缺搭设的小型脚手架，由消缺负责人、运行值班员、车间值班员、当值调度共同负责验收。

### （三）登高作业

登高作业需注意：

（1）登高作业用的脚扣、踏板、滑轮绳索、安全带等，必须符合安全规定。

（2）登高作业应有专人监护。

### （四）其他要求

其他要求包括：

（1）在结构梁（管）上作业必须装设水平安全绳（钢丝绳），两端应固定在结构架上，贯穿于结构架梁，且用钢丝绳卡固定；钢丝绳卡固定数量应不少于 3 个，绳卡间距不应小于钢丝绳直径的 6 倍，固定高度为 1100～1400mm，每间隔 2000mm 应设一个固定支撑点，钢丝绳固定后弧垂应为10～30mm。

（2）使用检验合格的梯子，梯子两底脚应装有防滑套，梯阶距离不应大于 400mm，并在距梯顶 1m 处设限高标志；架设单梯时，梯子与地面夹角为60°左右。

（3）基坑（槽）临边应装设钢性防护栏杆，悬挂安全警示牌，夜间应装设红灯警示。

（4）对强度不足的作业面（如石棉瓦、铁皮板、采光浪板、装饰板等），必须采取加强措施，铺设跳板，增加作业立足面积。

（5）超高空作业时，必须装设摄像头视频监控系统，实时监控作业现场的安全状态。

# 第二节    作业过程管控

## 一、人员登高作业管控

人员登高作业管控包括：

（1）高处作业人员必须体检合格。凡患有恐高症、心脏病、贫血、高血压、癫痫病等禁忌证的人员，严禁从事高处作业。

（2）登高作业人员必须经过专业的技能培训，取得《特种作业操作证》（登高架设作业）。

（3）属于高风险作业的高处作业，设备管理人员、安全监督人员全过程监督、检查，总工程师及以上厂级领导到现场检查、指导。

## 二、作业技术措施

作业技术措施包括：

（1）高处作业人员必须穿好防滑鞋、系好安全带。安全带系在牢固的构件上，高挂低用。在不具备挂安全带的情况下，应使用防坠器或安全绳，将安全带挂在防坠器或安全绳上。

（2）使用脚手架时，同一架体上必须控制架上的作业人数，一般为2人，必须超过2人时不得超过9人。

（3）在脚手架上作业时，必须控制架体上的载重量，一般脚手架荷载不得超过$270kg/m^2$。严禁超载使用。

（4）使用吊篮时，必须架设专用安全绳，安全带挂在安全绳上。吊篮内一般应2人作业，不得单独1人作业。

（5）使用高空作业车时，安全带应挂在吊斗的专用固定环上。作业人员不得超过2人。

（6）使用梯子时，必须检查梯子是否合格，梯下设专人扶持，安全带必须挂在牢固的结构件上。严禁挂在梯子上。

（7）在结构梁上作业时，必须系好安全带，安全带应挂在水平安全绳上。移动或行走时必须使用双绳安全带。

（8）攀登结构架作业时，必须将防坠器挂在垂直安全绳上，安全带挂在防坠器上。

（9）遇有6级及以上的大风以及暴雨、雷电、冰雹、大雾等恶劣天气时，应停止露天高处作业。

# 第三节　应急救援

应急救援包括以下措施：

（1）封锁并保护现场，使伤员脱离危险区。

（2）进行简易包扎，如果有出血情况进行止血或造成骨折进行简易的骨折固定。

（3）对呼吸、心跳停止的伤员予以心脏复苏。

（4）事故发生后应立即报告应急救援领导小组。应急救援领导小组在第一时间到达后立即组织应急救援队抢救现场伤员，清理事故现场，并做好警戒，禁止无关人员进入事故现场，以免造成二次伤害。

（5）应急救援队负责消除伤员口、鼻内血块、凝血块、呕吐物等，将昏迷伤员舌头拉出，以防窒息。

（6）组织人员尽快解除重物压迫，减少伤员挤压综合证发生，并将其转移至安全地方。

（7）尽快与120急救中心取得联系，详细说明事故地点、严重程度，并派人到路口接应，同时准备好车辆随时准备运送伤员到附近的医院救治。

事故发生后应按照《内蒙古大唐国际再生资源开发有限公司事故调查管理办法》的规定进行汇报、上报。

# 第三章

# 起重伤害人身事故防范措施

## 第一节　作业前准备

### 一、管理措施

#### （一）制度标准

掌握《起重机械安全规程》（GB/T 6067）、《起重吊运指挥信号》（GB5082）、《内蒙古大唐国际再生资源开发有限公司起重机械使用管理办法》、《内蒙古大唐国际再生资源开发有限公司起吊作业管理办法》、《内蒙古大唐国际再生资源开发有限公司高风险作业管理规定》等制度。

#### （二）编制审核《三措两案》

1. 现场风险辨识

（1）工作负责人组织工作班成员到现场进行风险辨识。

（2）重点分析：吊装物体的物理、化学特性；存在的环境危险特性和吊装的安全作业要求。

2. 编制、审批《三措两案》

《三措两案》由各分厂级技术管理人员编制，若使用外包队伍，《三措两案》由外包队伍制定并履行审批手续，经车间、分厂、生产管理部、安全环保部门负责人审核，由生产副总或总工程师批准。

#### （三）办理、检查起重作业证件

办理、检查起重作业证件包括：

（1）起重机械作业人员必须经过培训考试合格，取得特种设备安全监察机构颁发的《起重机械作业人员证书》后，方可上岗操作（电力安全工作规程-热力与机械部分）。

（2）吊装质量大于10t的重物应办理《吊装安全作业证》并由各分厂检修车间负责管理（内蒙古大唐国际再生资源开发有限公司起吊作业管理办法第十五条）。

（3）属于高风险作业范畴的起重作业进行高风险作业时根据《内蒙古大唐国际再生资源开发有限公司高风险作业管理规定》须办理《高风险作业安全许可证》。《高风险作业安全许可证》由工作负责人填写并负责办理，经工作负责人所在分厂安全第一责任人审核，生产管理部、安全环保部主任（副主任）会审后，由生产副职或总工程师批准。

## （四）办理工作票

办理工作票包括：

（1）工作负责人填写工作票。

（2）除长期项目部外，外包工程实行双工作负责人制，由发包方工作负责人填写工作票的安全措施，承包方工作负责人填写《危险点分析与控制措施票》。

## （五）履行运行许可手续

工作负责人与工作许可人共同到现场确认安全措施。

## （六）现场安全交底

现场安全交底包括以下内容：

（1）由工作负责人负责交底。

（2）若使用外包队伍，则包括以下内容：

发包方工作负责人重点负责以下事项的交底：

1）准入区域。

2）工作范围。

3）周围环境存在的风险。

4）工作票安全措施。

5）应急措施、逃生路线及应急设施。

6）起重作业的程序和注意事项。

承包方工作负责人重点负责以下事项的交底：

1）工作任务。

2）作业风险。

3）作业过程中的安全措施。

4）工作纪律。

5）个人防护用品的使用方法。

6）联络方式和通讯工具使用方法，明确指挥信号。

7）应急救援措施与应急救援预案。

8）自救、急救常识。

## 二、作业环境

作业环境应注意：

（1）实施吊装作业单位的有关人员应对吊装区域内的安全状况进行检查（包括吊装区域的划定、标识、障碍）。警戒区域及吊装现场应设置安全警戒标志，并设专人监护，非作业人员禁止入内。安全警戒标志应符合《安全标志及其使用导则》（GB 2894—2008）的规定。

（2）实施吊装作业单位的有关人员应在施工现场核实天气情况。室外作业遇到大雪、暴雨、大雾及6级以上大风时，不应安排吊装作业。

## 三、人员管理

### （一）工作许可人

工作许可人应做到：

（1）作业开始前，工作许可人会同工作负责人共同到现场对照工作票逐项检查，确认所列安全措施完善和正确执行。

（2）工作许可人向工作负责人详细说明哪些设备带电、有压力、高温、爆炸和触电等危险，双方共同签字完成工作票许可手续。

（3）吊装质量大于10t的重物应办理《吊装安全作业证》并由各分厂检修车间负责管理。

（4）起重作业时，工作许可人要定期到现场了解作业的进展情况。

## （二）工作负责人

工作负责人应做到：

（1）接受起重作业安全生产知识培训，取得《特种作业操作证》。

（2）熟悉起重作业的措施和方案，以及整个作业过程中存在的危险因素，作业前组织工作班成员结合现场实际，开展"三讲一落实"活动。

（3）掌握作业过程中可能发生的条件变化，工作过程中对作业人员给予必要的安全和技术指导；当起重作业条件不符合安全要求时，立即终止作业。

（4）对未经允许试图进入或已经进入起重作业区域的人员进行劝阻或责令退出。

（5）吊装质量大于 10t 的重物应办理《吊装安全作业证》并由各分厂检修车间负责管理。

（6）属于高风险作业范畴的起重作业需由工作负责人填写并负责办理《高风险作业安全许可证》。

## （三）工作监护人

工作监护人应做到：

（1）熟悉作业区域的环境和工艺情况，掌握起重作业的措施和方案，了解作业过程中可能面临的危害，掌握急救知识。

（2）作业前负责对安全措施的落实情况进行检查，发现安全措施不落实或不完善时，有权拒绝作业；当安全条件发生变化时，有权停止作业。

（3）与作业人员保持联系，并观察作业人员的状况。当发现起重操作人员身体不适，或起重设备继续操作可能会产生危险时，有权停止作业。

（4）作业期间不得离开现场或做与监护无关的事情。

（5）工作监护人要切实履行现场安全管理的责任，保证现场安全措施落实到位，做好作业全过程的监护工作。

（6）属于高风险作业范畴（吊装 10t 及以上异形物和 40t 以上重物）的起重作业必须设第二监护人。各级人员要按照到岗到位的标准加强高风险作业的管理、监护。特殊情况下，由生产副总经理或总工程师授权副总工程师行使审批权限、履行现场检查指导职责。

（7）安全措施变化时，有权停工。

## （四）作业人员

作业人员应做到：

（1）起重机械作业人员必须经过培训考试合格，取得特种设备安全监察机构颁发的《起重机械作业人员证书》，方可上岗操作。施工人员进行属于高风险作业的高处作业，根据《内蒙古大唐国际再生资源开发有限公司高风险作业管理规定》须办理《高风险作业安全许可证》。

（2）起重机械作业人员应了解所用起重机的构造性能，熟悉其工作原理和操作系统、掌握其安全装置的功用和正确的操作方法。

（3）如有人违反起重机安全技术规程，起重机械作业人员有权拒绝吊运。

（4）起重机械作业人员必须集中精神，不准与其他人闲谈，不准喝酒、吸烟和吃东西。

（5）起重设备操作人员作业前先空车开动各机构，判断运转是否正常。起重工具使用前，必须检查是否完好、无破损。

（6）起重机械作业人员应熟记指挥工的指挥信号（手势、哨声、旗语），作业过程中应与指挥工密切配合。

（7）起重工作应有统一的信号，起重机操作人员应根据指挥人员的信号（旗语、哨音、手势）进行操作，信号不明或指挥工没有离开危险区域（如指挥工站在重物上或在地面设备与重物之间的狭窄地区）之前不准开车。指挥工虽发出指挥信号，但不注视重物时，不应吊运。

（8）起重机械作业人员只听从指定的指挥工发出的信号，但任何人发出的停止信号都得立即停车。

（9）由于受环境或其他因素的影响，指挥工发出的信号与司机意见不同时，应发出询问信号，确认指挥信号与指挥意图一致后再操作。

（10）工作停歇时，不得将起重物悬在空中。

（11）在下列情况下，起重机械作业人员应发出警告信号：

1）起重机启动送电时。

2）在同一层或另一层靠近其他起重机时。

3）在起升或下降载荷时，或大车小车运行时。

4）载荷在调运工程中接近地面人员时。

5）吊运安全通道上有人工作或走动时。

6）载荷在距地面不高的位置移动时。

7）当吊运过程中设备发生故障时。

（12）起重机械作业人员应严格执行"十不吊"：

1）超过额定负荷不吊。

2）指挥信号不明，重量不明，光线暗淡不吊。

3）吊索和附件捆绑不牢、不符合安全要求不吊。

4）吊挂重物直接加工时不吊。

5）歪拉斜挂不吊。

6）工件上站人或浮放活动物不吊。

7）易燃易爆物品不吊。

8）带有棱角快口物件不吊。

9）埋地物品不吊。

10）违章指挥不吊。

### （五）培训教育

培训教育内容包括：

（1）工作负责人组织作业人员学习《三措两案》。

（2）若使用外包队伍，必须对外包人员进行三级安全教育，具体内容如下：

1）安全环保部应对承包单位人员进行一级（厂级）安全培训教育和考试，并留存试卷。

2）分厂应对承包单位人员进行二级（部门、车间级）安全培训教育和考试，并留存试卷。

3）责任班组（专业）应对承包单位人员进行三级（班组级）安全培训教育和考试，并留存试卷。

（3）高风险作业安全培训教育、交底由分厂技术管理人员、安全监督管理人员组织，对所有参与作业的人员、监护人员进行培训、交底，并签字。若使用外包队伍，应由责任分厂级技术管理人员、安全监督管理人员组织工作负责人和作业人员进行安全知识教育。考试成绩80分及格，并保留记录。

（4）培训内容必须结合《三措两案》《安全规程》《作业指导书》《起重机械安全规程》，起重作业中存在介质的物理、化学特性存在的环境危险特性和安全作业要求；起重作业的程序和注意事项；指挥信号器材的使用方法；应急救援措施与应急救援预案；防护、自救以及急救常识等。

### （六）现场监护

现场监护内容包括：

（1）工作负责人为第一监护人。

（2）属于高风险作业范畴（吊装 10t 及以上异形物和 40t 以上重物）的起重作业必须设第二监护人。作业现场应整洁、通道畅通，且已可靠隔离，有明显的警示标志。

（3）起重作业警戒区域及吊装现场应设置安全警戒标志，非作业人员禁止入内。安全警戒标志应符合《安全标志及其使用导则》（GB 2894—2008）的规定。

### （七）作业人员防护

作业人员防护包括：

（1）吊装作业指挥人员应佩戴明显的标志。

（2）现场配备适合工作现状的安全装备，如安全帽、安全带、安全眼镜、安全鞋和听力保护装置。应佩戴安全帽，安全装备需按国家标准的规定佩戴。

（3）现场应配备必要的灭火器材。

（4）高温作业时，合理安排工作时间，配备防暑降温药品和饮用水；必要时采取强行机械通风的措施。

（5）作业人员感到身体不适，必须立即撤离现场。

## 四、设备管理

### （一）机具检查

机具检查内容包括：

（1）确认起重机械和吊装工具选择合理，且符合安全使用要求。

（2）起重工具使用前，必须检查是否完好、无破损。吊装前须检查起重机械的安全装置是否可靠，吊具安全系数是否符合相关规定。

（3）起重设备使用前需依据《电业安全工作规程》起重部分对起重设备进行使用前的检查和实验。

## （二）作业中

作业过程中需注意以下内容：

（1）吊装物体离地 100~200mm，应停钩检查。检查内容包括起重机械的制动、稳定性，吊物捆绑的可靠性，吊索具受力后的状态等。发现异常立即落钩，处理合格后再起吊。

（2）起吊的重物，必须先用吊索（钢丝绳或铁链）牢固和稳妥地绑住，吊索（钢丝绳或铁链）不应有打结和扭劲的情况。所吊的物件若有棱角或光滑的部分，在棱角或滑面与绳子相接触处应加以包垫，防止吊索受伤或打滑。

（3）吊装物体不准长期悬在空中。有重物暂时悬在空中时，严禁驾驶人员离开驾驶室或做其他工作。

（4）确认吊装物体吊点合理并捆绑牢固，使重物在吊运过程中保持平衡和吊点不发生移动。

（5）严禁吊装物体从人的头上越过或停留。

（6）工作起吊时严禁超负荷或歪斜拽吊。

（7）严禁吊装物体上站人、吊钩载人或放有可活动的物体。

（8）对于大型起重作业、危险区域和重点管控区域的起重作业，设备管理人员、安全监督人员必须全过程监督、检查，总工程师及以上厂级领导到现场检查、指导。

（9）起吊现场照明充足，视线清晰，遇有照明不足、指挥人员看不清工作地点或起重驾驶人员看不见指挥人员时，不准进行起重工作。

（10）确认物件实际重量，不准起吊不明物和埋在地下的物件，不准超过铭牌规定的工作负荷。

（11）吊装作业必须设专人指挥，指挥人员不得兼做起重工（司索）以及其他工作，吊装前应认真观察起重作业周围环境，确保信号正确无误，严禁违章指挥或指挥信号不规范。

（12）遇大雪、大雨、雷电、大雾、风力 6 级以上等恶劣天气，严禁露天起重作业。

（13）正在运行中的各式起重机，严禁进行调整或修理工作。电动起重机的电气设备发生故障时，必须先断开电源，然后才可进行修理。

（14）起吊易燃、易爆物（如氧气瓶、煤气罐等）时，必须制定好安全技术措施，并经主管生产负责人批准后，方可吊装。

（15）带棱角、缺口的物体无防割措施不得起吊。

（16）在带电电气设备或高压线下起吊物体，必须设电气监护人。

（17）吊运散件物时，应用铁制料斗。料斗应设专用吊点，装料高度不得超过上口边，散粒状的物料应低于料斗上口边线 100mm。

# 第二节　作业过程管控

## 一、人员进出管控

人员进出管控内容包括：

（1）工作负责人或监护人对未经允许试图进入或已经进入起重作业区域的人员进行劝阻或责令退出。

（2）当起重机运行时，禁止上下人员，禁止从事检修工作。

（3）起重机吊着重物时，司机和指挥人员不得随意离开现场。

（4）作业期间监护人和工作负责人不得离开现场。

## 二、监督管理

监督管理包括：

（1）实施吊装作业单位的有关人员应对吊装区域内的安全状况进行检查（包括吊装区域的划定、标识、障碍）。警戒区域及吊装现场应设置安全警戒标志，并设专人监护，非作业人员禁止入内。安全警戒标志应符合《安全标志及其使用导则》（GB 2894—2008）的规定。

（2）符合高风险作业的起重作业现场监督还应符合《内蒙古大唐国际再生资源高风险作业管理规定》要求。

## 三、作业技术措施

### （一）起重指挥

起重指挥作业技术措施包括：

（1）指挥时应站在能够照顾到全面工作地点，所发信号应事先统一，并做到准确和清楚。

（2）指挥人员使用手势信号严格执行《起重吊运指挥信号》标准，与起重司机联络时做到准确无误。

（3）指挥人员不能同时看清司机和负载时，应站到能看见起重司机一侧，并增设中间指挥人员，以便逐级传递信号，当发现错信号时，应立即发出停止信号。

（4）在开始起吊负载时，应先用"微动"信号指挥，待负载离开地面100~200mm时停止起升进行试吊，确认安全可靠后，方可用正常起升信号指挥重物上升。必要时在负载降落前，应使用"微动"信号指挥。

（5）指挥人员应佩戴鲜明标志，例如标有"指挥"字样的臂章、特殊颜色的安全帽与工作服等。

（6）指挥人员应站在使司机能看清信号的位置上。当跟随负载运行指挥时，应随时指挥吊装物体避开人员和障碍物。

（7）吊装物体降落前，指挥人员必须确认降落区域安全时，方可发出降落信号。

（8）在雨、雪天气作业指挥时，应先经过试吊、检验制动器灵敏可靠后，方可进行正常起吊作业。

（9）在高处指挥时，指挥人员应严格遵守高处作业安全要求。

（10）同时用两台起重机吊运同一负载时，指挥人员应双手分别指挥各台起重机，保证同步吊运。

（11）当多人绑挂同一吊装物体时，起吊前应先做好呼唤应答，确认绑挂无误后，方可由一人负责指挥。

### （二）起重工（司索）

#### 1. 作业前

（1）作业前，应穿戴好安全帽及其他防护用品。

（2）根据吊装物体具体情况选择相适应的起重机具。起重同一个重物时，不得将钢丝绳和链条等混合使用。

（3）作业前应对起重机具进行检查合格后，方可投入使用。

（4）起吊重物前，应检查连接点是否牢固可靠。

（5）吊装物体就位前，要垫好衬木，不规则物件要加支撑，保持平衡。不得将物件压在电气线路和管道上面或堵塞通道，物件堆放要整齐、平稳。

2. 作业中

（1）起重机具承载时不得超过额定起重量，不得超过安全工作载荷（含高低温、腐蚀等特殊工况）。

（2）作业中不得损坏吊装物体、起重机具，必要时应在吊装物体与起重机具接触点加保护衬垫。

（3）起重机吊点，应与吊装物体重心在同一条铅垂线上，使吊重处于稳定平衡状态。

（4）禁止起重工或其他人员站在吊装物体上一同起吊，严禁起重人员停留在吊装物体下。

（5）吊装物体必须捆绑牢固，经试吊确认无问题后，方可正式起吊。

（6）起吊重物时，起重人员应与重物保持一定安全距离。

（7）应做到经常清理作业现场，保持道路畅通，安全通道畅通无阻。

（8）听从指挥人员指挥，发现不安全情况及时通知指挥人员。

（9）应经常保养起重机具，确保使用安全可靠，延长机具使用寿命。

（10）捆绑留出的绳头，必须紧绕在吊钩或吊装物体上，防止移动时挂住沿途人员或物体。

（11）吊运成批零散物件时，必须使用专门吊篮、吊斗等器具；同时吊运两件以上重物，要保持平稳，不得相互碰撞。

（12）卸往运输车辆上的吊装物体，要注意观察中心是否平稳，确认不致倾倒时，方可松绑、卸物。

（13）吊运化学危险物品，要严格遵守国务院颁布的《化学危险品安全管理条例》有关规定。

（14）吊装物体定位固定前，不准离开岗位，不准在机具或被吊物悬空的情况下中断工作。

3. 作业后

工作结束后，所使用的起重机具应放置在规定地点，加强维护保养，达到报废标准的要及时更换。

### （三）起重司机

起重司机作业技术措施包括：

（1）作业前，应确认以下情况处于安全状态方可工作：

1）所有控制器是否置于零位。

2）作业区内是否有无关人员，作业人员是否撤离到安全区域。

3）运行范围内是否有未清除的障碍物。

4）开车前必须鸣铃或示警，操作中接近人时，应给断续铃声或示警。

（2）在正常操作过程中，不得进行下列行为：

1）利用极限位置限制器停车。

2）利用打反车进行制动。

3）起重作业过程中进行检查和维修。

4）带负载调整起升、变幅机构的制动器，或带载增大作业幅度。

5）吊装物体从人头顶上通过，吊物和起重臂下站人。

（3）严格按指挥信号操作，对紧急停止信号，无论任何人发出，都必须立即执行。

（4）吊装物体接近或达到额定值，或起吊危险品（液态金属、有害物体、易燃易爆物）时，吊运前应认真检查制动器，并用微动试吊，确认没有问题后再吊运。

（5）起重机械各部位、吊装物体及辅助用具与输电线的最小距离应满足安全要求。

（6）严格执行"十不吊"。

（7）工作中突然断电时，应将所有控制器置零，关闭总电源。重新工作前，应先检查起重机械工作是否正常，确认安全后方可正常操作。

（8）有主、副两套起升机构的，不允许同时利用主、副钩工作（设计允许的专用起重机除外）。

（9）用两台或多台起重机吊运同一重物时，每台起重机均不得超载。吊运过程应保持钢丝绳垂直，保持运行同步。吊运时有关负责技术人员和安全技术人员应在场指导。

（10）遇大雪、大雨、雷电、大雾、风力6级以上等恶劣天气，严禁露天起重作业。

（11）起重司机必须听从指挥人员指挥，当指挥信号不明时，司机应发出"重复"信号询问，明确指挥意图后，方可开车。

# 第三节　应急救援

起重伤害可能导致人员挤伤、骨折等后果，现场处置措施如下：

（1）封锁保护现场，组织人员尽快解除重物压迫，并将其转移至安全地方。

（2）进行简易包扎，如果有出血情况进行止血或造成骨折进行简易的骨折固定。

（3）对呼吸、心跳停止的伤员予以心脏复苏。

（4）事故发生后应立即报告应急救援领导小组。应急救援领导小组在第一时间到达后立即组织应急救援队抢救现场伤员，清理事故现场，并做好警戒，禁止无关人员进入事故现场，以免造成二次伤害。

（5）应急救援队负责消除伤员口、鼻内血块、凝血块、呕吐物等，以防窒息。

（6）组织人员尽快解除重物压迫，减少伤员挤压综合征发生，并将其转移至安全地方。

（7）尽快与120急救中心取得联系，详细说明事故地点、严重程度，并派人到路口接应，同时准备好车辆随时准备运送伤员到附近的医院救治。

事故发生后应按照《内蒙古大唐国际再生资源开发有限公司事故调查管理办法》的规定进行汇报、上报。

# 第四章

## 触电人身事故防范措施

### 第一节 作业前准备

#### 一、管理措施

##### （一）制度标准

掌握《电业安全工作规程》《工作票、操作票管理规定》《危险点分析与控制措施手册》等制度。

##### （二）审核《三措两案》

1. 现场风险辨识

（1）工作负责人组织工作班成员到现场进行风险辨识。

（2）重点分析：本次作业中存在的主要危险点及相应的控制措施，对工作班成员进行安全交底。

2. 编制、审批《三措两案》

由外包单位编制并内部进行审核、批准，经班组（作业组）、车间、分厂、生产管理部、安全环保部专工、部门负责人审核，再由公司生产副总或总工程师批准。

##### （三）履行工作票和操作票程序

工作票和操作票程序包括：

（1）必须执行工作票、操作票制度，落实监护制度。

（2）作业前，应组织作业人员开展"三讲一落实"，告知工作范围、危险点和安全注意事项，并予以确认。当工作间断又复工、转移工作地点或工作期间增加（变更）作业人员时，需重新进行交底。

### （四）履行运行许可手续

运行许可手续履行内容包括：

（1）工作票许可前，工作许可人会同工作负责人共同到现场核对并确认工作票所列的安全措施已正确执行、现场带电设备或带电部位已可靠隔离且悬挂警告标示，并对工作负责人指明带电设备的位置和注意事项。

（2）工作票发出后，运行人员不得变更有关检修设备的运行接线方式。工作负责人、工作许可人任何一方不得擅自变更安全措施，工作中如有特殊情况需要变更时，应先取得对方的同意并及时恢复。

### （五）安全组织措施

安全组织措施作为保证安全的制度措施之一，包括工作票，工作的许可、监护、间断、转移和终结等。工作票签发人、工作负责人（监护人）、工作许可人、专责监护人和工作班成员在整个作业流程中应履行各自的安全职责。

### （六）现场安全交底

工作负责人重点负责以下事项的交底：

（1）工作任务、（2）工作范围、（3）工作票安全措施、（4）作业存在的风险、（5）个人防护用品的使用方法、（6）应急救援措施与应急救援预案等。

### （七）台账管理

生产班组应建立以下台账：安全教育培训档案、安全工器具台账、电动工器具台账、工器具定期检验台账、劳动防护用品台账、配电室（升压站）钥匙借用台账等。

## 二、作业环境

作业环境应注意：

（1）雨天操作室外高压设备时，绝缘棒应有防雨罩，还应穿绝缘靴。

（2）雷雨时严禁进行就地倒闸操作。

（3）巡视高压设备时，不宜进行其他工作。

（4）雷雨天气巡视室外高压设备时，应穿绝缘靴，不应使用伞具，不应靠近避雷器和避雷针。

（5）带电作业应在良好天气下进行。如遇雷电（听见雷声、看见闪电）、雪、雹、雨、雾等，不应进行带电作业。风力大于5级，或湿度大于80%时，不宜进行带电作业。

## 三、人员管理

### （一）培训取证

培训取证相关内容如下：

（1）凡从事电气操作、电气检修和维护人员（统称电工）必须经专业技术培训及触电急救培训，取得《特种作业操作证（电工作业）》后方可上岗。

（2）担任电气工作票签发人、工作负责人、工作许可人、操作人、监护人的人员需经培训考核合格。人员名单以正式文件的形式进行公布。

（3）培训内容包括：《安全规程》相关部分、本厂相关管理制度、电气设备及电气系统、个人防护用品的使用方法、绝缘安全用具和手持电动工具使用方法、触电急救方法和心肺复苏法等。

### （二）工作许可人

工作许可人应做到：

（1）作业开始前，工作许可人会同工作负责人共同到现场对照工作票逐项检查，确认所列安全措施是否完善和正确执行。

（2）工作许可人向工作负责人详细说明哪些设备带电及注意事项，双方共同签字完成工作票许可手续。

（3）挂接地线按照"停电－验电－挂接地线（先挂接地端，后挂导体端）"的程序进行。

### （三）工作负责人

工作负责人应做到：

（1）熟悉作业的安全措施及带电设备的位置，以及整个作业过程中存在的危险因素，作业前组织工作班成员结合现场实际，开展"三讲一落实"活动。

（2）掌握作业过程中可能发生的条件变化，工作过程中对作业人员给予必要的安全和技术指导。

（3）督促、监护工作班成员遵守本规程，正确使用劳动防护用品并执行现场安全措施。

（4）工作班成员精神状态是否良好，变动是否合适。

### （四）工作监护人

工作监护人应做到：

（1）监护人应是具有相关工作经验、熟悉检修作业点情况的人员。

（2）作业前负责对安全措施的落实情况进行检查，发现安全措施不落实或不完善时，有权拒绝作业。当安全条件发生变化时，有权停止作业。

（3）作业期间不得离开现场或做与监护无关的事情。

### （五）作业人员

作业人员应做到：

（1）接受防触电作业安全生产的知识培训，掌握心肺复苏的急救知识。

（2）电气从业人员必须穿好工作服、绝缘鞋，落实监护制度。

（3）确认安全措施的落实情况，经监护人同意后进行作业。

（4）遇有违规强令作业、安全措施不落实、作业监护人不在场等情况有权停止或拒绝作业，并向上级报告。

（5）作业中如出现异常情况或感到身体不适时，应立即向工作负责人报告，并迅速撤离现场。

### （六）现场监护

现场监护包括：

（1）监护所有工作人员的工具使用是否正确，工作位置是否安全，以及操作方法是否正确等。

（2）监护所有工作人员的活动范围，使其与带电设备保持规定的安全距离。

（3）带电作业时，监护所有工作人员的活动范围，使其与接地部分保持规定的安全距离。

### （七）作业人员防护

作业人员防护包括：

（1）高压绝缘鞋（靴）、高压绝缘手套等必须选用具有国家"劳动防护品安全生产许可证书"资质单位的产品且在检验的有效期内。

（2）电气从业人员必须穿好工作服、绝缘鞋，戴好安全帽。

（3）验电、接地线的操作人员必须戴绝缘手套。

（4）作业人员感到身体不适，必须立即撤离现场。

（5）所有工作人员（包括工作负责人）不准单独留在室内或室外高压设备区内，以免发生意外触电或电弧灼伤。

## 四、设备管理

### （一）安全工器具和电动工器具管理

安全工器具和电动工器具管理内容包括：

（1）安全工器具（绝缘操作杆、验电器、携带型短路接地线等）必须选用具有"生产许可证""产品合格证""安全鉴定证"的产品。电动工器具必须具有"中国电工产品安全认证""产品合格证"。

（2）所有安全工器具、电动工器具均应分类编号、检验合格、妥善保管。

（3）安全工器具使用前，必须检查是否贴有"检验合格证"的标签及是否在检验有效期内。

（4）电动工具的使用应符合国家标准的有关规定。工具的电源线、插头和插座应完好，电源线不得任意接长和调换，工具的外绝缘应完好无损，维修和保管有专人负责。

（5）电动工具使用前，必须检查外观完好，试转正常。其电源线件不应有破损、老化等现象，其自身附带的开关必须安装牢固，动作灵敏可靠，禁止使用金属丝绑扎开关或有带电体明露，插头、插座符合相应的国家标准。

应根据使用场所正确选用不同电压类别的电动工具。

（6）手持电动工具必须接在装有漏电保护器的电源上。使用塑料外壳的电动工具时，不得与汽油及其他有机溶剂接触。

## （二）临时电源管理

临时电源管理内容包括：

（1）使用临时电源必须履行审批手续。用电单位在申请时应注明使用容量、电压等级、地点、期限等，并指定专人管理和维护临时电源。

（2）现场检修电源箱必须装自动空气开关、剩余电流动作保护器、接线柱或插座、专用接地铜排和端子等。专用接地铜排、端子和箱体必须可靠接地，接地、接零标识应清晰，并固定牢固。

（3）应选用防爆型检修电源箱，并使用防爆插头。

（4）接临时电源时，必须核对用电负荷与检修电源箱的载荷容量，严禁超载用电。

（5）用电设备的电源线应接在检修电源箱的接线柱或专用插座上，严禁接在自动空气开关上。

（6）每台用电设备必须有各自专门的开关，必须实行"一机一闸"制，严禁用同一个开关器直接控制二台以上的用电设备（含插座），配电箱、开关箱的进线和出线不能承受外力，严禁与金属尖锐断口和强腐蚀介质接触。

（7）对用电的重要电源（如卷扬机、容器内照明等），应使用专用电源箱并加锁。

（8）临时照明电源必须接在装有相应容量的开关、熔断器及漏电保护器的电源处，严禁将临时线直接接在电源干线上。

（9）严禁在氢管（罐）、油管（罐）、热体管道（容器）等上架设临时电缆。严禁将临时电缆（线）缠绕在护栏、管道及脚手架上。

（10）敷设临时低压电源线路，应使用绝缘导线。脚手架上敷设临时电缆（线）时，木竹脚手架应加绝缘子，金属管脚手架应另设木横担。

（11）使用行灯时，其电压不应超过36伏，在特别潮湿的场所及金属容器，金属管道内工作的照明灯电压不应超过12伏，行灯电源线应使用护套缆线，不得使用塑料软线。

（12）电焊机必须装有独立的电源开关，严禁一闸接多台焊机。电焊机外壳应做接零或接地保护，严禁连接建筑物金属构架和设备等作为焊接电源回路。电焊机设置点应防潮、防雨、防砸。

（13）焊工更换焊条时，必须戴电焊手套。在金属容器内焊接作业时，应站在橡胶绝缘垫上或穿橡胶绝缘鞋，应穿干燥工作服。严禁将电缆（线）搭在身上或踏在脚下。

# 第二节　作业过程管控

## 一、人员进出管控

人员进出管控措施包括：

（1）在工作地点设置"在此工作！"的标示牌，严禁非作业人员误入。

（2）进入配电室等执行人员、物品出入登记制度，作业结束时，清点人员。

（3）设备管理人员、安全监督人员进行监督、检查。

## 二、作业技术措施

### （一）停电检修

停电检修作业技术措施如下：

（1）停电拉闸操作应按照"断路器-负荷侧隔离开关-电源侧隔离开关"的顺序依次进行，送电合闸操作应按与上述相反的顺序进行。禁止带负荷拉合隔离开关。

（2）停电时，应注意对所有检修部分能够送电的线路，要全部切断，并采取防止误合闸的措施，而且每处至少要有一个明显的断开点（高压断路器小车和低压抽屉必须拉出至检修位置）。与停电设备有关的变压器和电压互感器，应将设备各侧断开，防止向停电检修设备反送电。对难以做到与电源完全断开的检修设备，可以拆除设备与电源之间的电气连接。

（3）对已停电的线路或设备，不论其电压表或其他信号是否指示无电，均应进行验电。验电时，应按电压等级选用相应的验电器。

（4）可能送电至停电设备的各侧装设临时接地线或合上接地刀闸。临时接地线装时先接接地端，拆时后拆接地端。

（5）在一经合闸即可送电到工作地点的断路器和隔离开关的操作把手上，均应悬挂"禁止合闸，有人工作！"的标示牌。在显示屏上进行操作的断路器和隔离开关的操作处均应相应设置"禁止合闸，有人工作！"或"禁止合闸，线路有人工作！"以及"禁止分闸！"的标记。

（6）高压开关柜内手车开关拉至"检修"位置后，隔离带电部位的挡板封闭后禁止开启，并设置"止步，高压危险！"的标示牌。

（7）在室外高压设备上工作，应在工作地点四周装设围栏，其出入口要围至临近道路旁边，并设有"从此进出！"的标示牌。工作地点四周围栏上悬挂适当数量的"止步，高压危险！"的标示牌，标示牌应朝向围栏里面。若室外配电装置的大部分设备停电，只有个别地点保留有带电设备而其他设备无触及带电导体的可能时，可以在带电设备四周装设全封闭围栏，围栏上悬挂适当数量的"止步，高压危险！"的标示牌，标示牌应朝向围栏外面。禁止越过围栏。

（8）在工作地点设置"在此工作！"的标示牌。

（9）部分停电的工作，工作人员与未停电设备安全距离小于《设备不停电时的安全距离表》的规定时，见表4-1，应装设临时遮栏，其与带电部分的距离应符合《人员工作中与设备带电部分的安全距离表》要求，见表4-2，并悬挂"止步，高压危险！"的标示牌。

表4-1　设备不停电时的安全距离表

| 电压等级/kV | 10及以下 | 20、35 | 66、110 | 220 | 330 | 500 | 750 | 800 | 1000 |
|---|---|---|---|---|---|---|---|---|---|
| 最小安全距离/m | 0.7 | 1 | 1.5 | 3.0 | 4.0 | 5.0 | 7.2 | 9.3 | 8.7 |

表4-2　人员工作中与设备带电部分的安全距离表

| 电压等级/kV | 10及以下 | 20、35 | 66、110 | 220 | 330 | 500 | 750 | 800 | 1000 |
|---|---|---|---|---|---|---|---|---|---|
| 最小安全距离/m | 0.35 | 0.6 | 1.5 | 3.0 | 4.0 | 5.0 | 8.0 | 8.7 | 9.5 |

（10）35kV及以下设备可用与带电部分直接接触的绝缘隔板代替临时遮拦。

（11）在室内高压设备上工作时，应在工作地点两旁及对面运行设备间隔的遮栏（围栏）上和禁止通行的过道遮栏（围栏）上悬挂"止步，高压危险！"的标示牌。

（12）高压输变电设备附近，使用机械（如高空作业车、吊车等）时，其与高压输变电设备的安全距离应满足表4-3的要求。

表4-3 机械与高压输变电设备的最小安全距离表

| 电压等级/kV | 1以下 | 1~20 | 35~110 | 154 | 220 | 330 | 500 | 750 | 1000 |
|---|---|---|---|---|---|---|---|---|---|
| 最小安全距离/m | 1.5 | 2 | 4 | 5 | 6 | 7 | 8 | 11 | |

（13）电气设备必须装设保护接地（接零），不得将接地线接在金属管道上或其他金属构件上。

**（二）安全工器具使用**

安全工器具使用作业技术措施如下：

（1）操作杆需要接地，应在护环前备有专用金属环，以便于和地线连接。

（2）阴雨天气，在户外操作电气设备时，操作杆的绝缘部分应紧密结合，无渗透现象，只准使用有伞形绝缘罩的夹钳。

（3）操作杆的使用电压，应与设备运行电压一致，但允许用高一级电压等级的绝缘杆在低于该电压等级的电气设备上操作。

（4）绝缘操作杆必须在干燥通风的地方悬挂或垂直插放在特制的木架上。

（5）绝缘靴严禁移作他用（如当雨靴使用），任何其他用途的靴，如耐油靴、耐碱靴、雨靴均不得作为电气设备的安全工器具。

（6）绝缘靴应放在柜内或特制的木架上，靴上不得放其他任何物件，必须和酸、碱、油类化学药品等隔离开。

（7）绝缘手套每次使用前，必须做到外观检查，如有发粘或破损则禁止使用。检查时采用充气挤压法，检查有无漏气，即使有微小漏气，也不许使用。

（8）绝缘手套应放在柜内或特制的木架上，上面不要堆放其他物件，以防刺破手套。

（9）绝缘手套应保持干燥、清洁，若有灰尘油污时，可用45℃的低温肥皂水清洗擦净，并撒上滑石粉。

（10）使用验电器时，操作人员必须戴绝缘手套或站在绝缘垫上，手握在护环下面的握柄部分，不得触及以上部分，人体与带电部分的距离应符合规定，并注意指示部分不得同时碰撞相邻物体或接地部分，以防短路。

（11）在使用高压验电器前应先在有电设备上进行试验，确保验电良好。

（12）验电器用毕后要妥善保管，存放在有柔软衬垫的匣内并加以固定，使用和装运途中要避免受剧烈震动。

### （三）手持电动工具使用

手持电动工具使用作业技术措施如下：

（1）手持电动工具使用时必须接在装有动作电流不大于30mA、一般型（无延时）的剩余电流动作保护器的电源上，并不得提着电动工具的导线或转动部分使用，严禁将电缆金属丝直接插入插座内使用。

（2）使用前，必须检查确认电动工具外观完好、试转正常，且根据使用场所正确选用不同电压类别的电动工具。

（3）使用电动工具时，不得提着电动工具的导线或转动部分。

（4）工具的电源线不得接触热体、潮湿或腐蚀的地上。经过通道必须采取架空或套管等保护措施，严禁重物压在导线上。

（5）长期搁置不用或受潮的工具在使用前，必须摇测绝缘电阻，合格后使用。

（6）作业点距检修电源箱较远时，应用移动电缆盘或移动开关箱，不得接长工具自带的电缆。

（7）在金属容器内和狭窄场所必须使用24V以下的电动工具，或选用Ⅱ类手持式电动工具。

（8）吊篮上使用的便携式电动工具的额定电压值不得超过220V，并应有可靠的接地。

（9）在使用电动工具中，因故障离开工作场所或暂时停止工作及遇到临时停电时，须立即切断电源。

### （四）临时用电

临时用电作业技术措施如下：

（1）检修电源箱箱内必须安装自动空气开关、漏电保护器、接线柱或插座、专用接地铜排和端子等。专用接地铜排必须与箱体绝缘隔离，且直接接入主接地网，接地引下线截面不得小于 $50mm^2$。

（2）防火防爆等特殊场所应安装防爆检修电源箱。

（3）电源线必须从检修电源箱的进线孔引出，严禁从箱门将电源线引出。电源线应接在检修电源箱的接线柱或专用插座上，严禁接在自动空气开关上。

（4）接临时电源时，必须核对用电负荷与电源箱的载荷容量，严禁超载用电。

（5）移动电缆盘电缆盘必须装有插座、漏电保护器和电源指示灯。漏电保护器的额定漏电动作电流不大于30mA，动作时间不大于0.1s。电压型漏电保护器的额定漏电动作电压不大于36V。

（6）电动工具与电缆盘连接时，必须用插头连接，严禁将铜丝插入插孔内。

（7）临时照明导线应用橡皮绝缘线，安装时应将导线悬挂固定，严禁接触高热、潮湿及有油的物体表面或地面上。

（8）临时照明电源必须接在装有相应容量的开关、熔断器及漏电保护器的电源处，严禁将临时线直接接在电源干线上。

（9）室内悬挂灯具距基准面不得低于2.4m，如受条件限制可减为2.2m。室外悬挂灯具距基准面不得低于3m。在金属脚手架上安装照明灯具时，灯具与架子之间应垫好绝缘物，并固定牢固。

（10）行灯使用前，必须对行灯变压器、灯具（罩）、灯泡（36V及以下）外观进行检查，确认安全可靠。

（11）作业人员随身携带的移动照明必须为36V以下。在凝汽器内作业时，应使用12V行灯。在煤粉仓内作业时，应使用12V行灯，不得将行灯埋入积粉内。在地下维护室和沟道内作业时，应使用12~36V的行灯。在有有害气体的地下维护室和沟道内作业时，应使用携带式的防爆电灯或矿工用的蓄电池灯。

（12）电焊机的电源线长度不得超过 5m，且与电焊机连接处应有防护罩。电焊机与焊钳间的导线长度不得超过 30m，不得有接头，且用专用的接线插头。电焊机金属外壳必须有明显的可靠接地，且一机一接地。

（13）调节电焊机电流时，必须停焊进行。严禁在焊接中调节电流、严禁电焊机超载施焊、严禁采用大电流施焊、严禁用电焊机对金属切割作业、严禁把焊钳放在焊件上。

（14）雨雪天，不宜在露天进行焊接或切割作业。

（15）移动、维修或检查电焊机时，必须切断电源。

（16）临时电缆敷设，应使用绝缘导线。架空高度室内应大于 2.5m，室外应大于 4m，跨越道路应大于 6m。

（17）在潮湿、氢站、氨站、油区、粉尘等特殊场所敷设临时电源时，应采用特殊电缆（阻燃、防水等）敷设，必要时可对电缆采取保护措施。

（18）临时敷设电缆的沿线应间隔适当距离设置明显的安全警示标识。

（19）严禁将临时电缆（线）缠绕在护栏、管道及脚手架上。严禁在未冲洗、隔绝和通风的容器内引入临时电缆。

（20）拆除脚手架时，应先由电气人员拆除电气设备及临时电缆（线），然后再拆架子。

# 第三节　应急救援

应急救援措施包括：

（1）定期进行触电急救方法及心肺复苏法培训和应急演练。

（2）发现有人触电，应立即切断电源。若找不到电源时，应用木棒或绝缘棒使触电者脱离电源。如在高空工作，抢救时必须采取防止高处坠落的措施。

（3）当发觉有跨步电压时，应立即将双脚并在一起或用一条腿跳着离开导线断落地点。

（4）当高压设备接地故障时，室内不得接近故障点 4m 以内，室外不得接近故障点 8m 以内。进入上述范围的人员必须穿绝缘靴，接触设备的外壳和构架应戴绝缘手套。

（5）遇有电气设备着火时，应立即将有关设备的电源切断，然后进行救火。

事故发生后应按照《内蒙古大唐国际再生资源开发有限公司事故调查管理办法》的规定进行汇报、上报。

# 第五章

# 物体打击人身事故防范措施

## 第一节　作业前准备

### 一、管理措施

#### （一）制度标准

掌握《电业安全工作规程》《工作票、操作票管理规定》《危险点防范措施手册》《检修规程》等标准制度。

#### （二）编制审核《三措两案》

1. 现场风险辨识

（1）工作负责人组织工作班成员到现场进行风险辨识。

（2）重点分析：

1）高位落物伤人：多层作业、交叉作业以及在管沟坑井、炉膛内等处作业时，在作业上方，必须设有安全的防护设施或者采取隔离措施，防止坠落物品伤人。

2）机械设备伤害：易产生飞溅物的场所，机具设备要有严密的隔离防护，机具设备、手持电动工具的旋转部位，要装设防护罩，以免发生飞溅物伤人事故。

2. 编制《三措两案》

班组（作业组）编制并初审，若是外包工程由外包单位编制并内部审核、批准。

3. 审核《三措两案》

班组（作业组）初审，经车间、分厂、生产管理部、安全环保部专工、部门负责人审核，由生产副职或总工程师批准。

**（三）办理工作票**

办理工作票内容如下：

（1）工作负责人填写工作票。

（2）除长期项目部外，外包工程实行双工作负责人制，由承包方工作负责人填写工作票的安全措施及《危险点分析与控制措施票》，由发包方工作负责人负责审核把关。

**（四）履行运行许可手续**

运行许可手续履行内容如下：

（1）工作负责人与工作许可人共同到现场确认安全措施。

（2）工作负责人与工作许可人共同确认安全措施无误后进行现场发票。

**（五）现场安全交底**

现场安全交底内容包括：

（1）由工作负责人负责现场交底，交底具体内容如下：

1）工作内容、工作地点。

2）作业现场需要注意的危险因素及对应的危险控制措施。

3）运行人员所需采取的安全措施。

4）作业过程中面临的风险。

5）个人防护用品的使用方法。

6）应急救援措施与应急救援预案。

7）自救、急救常识。

（2）若使用外包队伍，则包括以下内容：

发包方工作负责人重点负责以下事项的交底：

1）准入区域。

2）工作范围。

3）周围环境存在的风险。

4）工作票安全措施。

5）应急措施、逃生路线及应急设施。

6）危险点及控制措施。

承包方工作负责人重点负责以下事项的交底：

1）工作任务。

2）作业风险。

3）作业过程中的危险点及相应的危险点控制。

4）运行人员所做的安全措施。

5）工作纪律。

6）个人劳保用品的穿戴。

7）应急救援措施与应急救援预案。

8）自救、急救常识。

## 二、作业环境

### （一）日常管理

日常管理内容如下：

（1）寒冷地区的厂房、烟囱、水塔等处的冰溜子必须及时清除。

（2）进入现场应正确佩戴安全帽，人工搬运作业应穿戴防砸鞋、防护手套等。

（3）避免交叉作业。

### （二）转动设备

转动设备应注意：

（1）机器启动前认真检查转动部件，防止零部件飞出伤人。

（2）排除设备故障或清理物料前，必须停止设备运行。

## 三、人员管理

### （一）工作许可人

工作许可人应做到：

（1）作业开始前，工作许可人会同工作负责人共同到现场对照工作票逐项检查，确认所列安全措施完善和正确执行。

（2）工作许可人向工作负责人详细说明哪些设备带电、有压力、高温和爆炸等危险，双方共同签字完成工作票许可手续。

（3）在有较大危险性的有限空间作业时，如未办理《有限空间作业许可证》，工作许可人应拒绝办理。

（4）进行作业时，工作许可人要定期到现场了解作业的进展情况。

## （二）工作负责人

工作负责人应做到：

（1）熟悉物体打击作业的措施和方案，以及整个作业过程中存在的危险因素，作业前组织工作班成员结合现场实际，开展"三讲一落实"活动。

（2）掌握作业过程中可能发生的条件变化，工作过程中对作业人员给予必要的安全和技术指导；当作业条件不符合安全要求时，立即终止作业。

（3）对未经允许试图进入或已经进入作业区域的人员进行劝阻或责令退出。

## （三）工作监护人

工作监护人应做到：

（1）熟悉作业区域的环境和工艺情况，掌握预防物体打击的措施和方案，了解作业过程中可能面临的危害，掌握急救知识。

（2）作业前负责对安全措施的落实情况进行检查，发现安全措施不落实或不完善时，有权拒绝作业。当安全条件发生变化时，有权停止作业。

（3）观察作业人员的状况，当发现人员碰伤、砸伤或其他异常情况时，应及时制止作业，并帮助作业人员撤离危险区域，同时呼叫救援，采取救护措施。

（4）作业期间不得离开现场或做与监护无关的事情。

## （四）作业人员

作业人员应做到：

（1）接受预防物体打击的作业安全生产知识培训。

（2）作业前应了解作业内容、地点和工作要求，熟知作业中的危害因素和应采取的安全措施。

（3）确认安全防护措施的落实情况，遵守作业要求，正确使用安全设施和佩戴齐全的劳动防护用品，不准穿光滑的硬底鞋。

（4）严格按照《检修作业指导书》标准进行作业，不得擅自更改作业程序及私自修改规定的技术标准等。

（5）遇有违规强令作业、安全措施不落实、作业监护人不在场等情况有权停止或拒绝作业，并向上级报告。

（6）作业中如出现异常情况或感到身体不适时，应立即向工作负责人报告，并迅速撤离现场。

## （五）培训教育

培训教育内容包括：

（1）工作负责人组织作业人员学习危险点分析与控制措施。

（2）若有外包人员参与，必须对外包人员进行三级安全教育，具体内容如下：

安全环保部必须对承包单位人员进行安全培训教育和考试，并留存试卷。分厂必须对外包队伍人员进行安全教育培训考试，考试成绩及试卷存档备案；车间必须对外包队伍人员进行安全教育培训考试，考试成绩及试卷存档备案；班组必须对外包队伍人员进行安全教育培训考试，考试成绩及试卷存档备案。

（3）培训内容必须结合《三措两案》《安全规程》《作业指导书》、作业现场存在的环境危险特性和安全作业要求；作业程序和注意事项；危害因素的辨识；个人防护用品的使用要求；应急救援措施与应急救援预案；防护、自救以及急救常识等。

## （六）作业人员防护

作业人员防护包括：

（1）配备符合国家标准的个人防护用品。防护用品应在检验期内并检验合格。

（2）不同场所个体防护：

1）粉尘较大场所，佩戴防尘口罩。

2）有害气体场所，佩戴防毒面罩。

3）煤气、酸、碱较大场所，必须佩戴防护面具。

（3）存在坍塌、掩埋等风险时，工作人员禁止使用安全带，以便发生坍塌、掩埋时及时逃生；存在高处坠落等风险时，工作人员必须使用防坠器或全身式安全带。

（4）高温作业时，合理安排工作时间，配备防暑降温药品和饮用水，必要时采取强行机械通风的措施。

（5）作业人员感到身体不适时，必须立即撤离现场。

## 四、设备管理

### （一）作业中

作业中的设备管理包括：

（1）控制作业人员加班加点，在必须安排作业人员加班时，加强现场监督。

（2）传递物品时，严禁抛掷。交叉作业时，工具、材料、边角余料等严禁上下投掷，应用工具袋或吊笼等吊运。

（3）高处安装起重设备或垂直运输机具时，要注意零部件落下伤人。

（4）拆除或拆卸作业要设置警戒区域并有人监护。

（5）高处拆除作业时，对拆卸下的物料、建筑垃圾要及时清理并运走，不得在走道上乱放或向下丢弃。

（6）进行高处拆除作业时，下方不得有人，应设置警戒区，由专人监护。

（7）禁止戴手套使用手锤或单手抡大锤，使用大锤时，周围不准有人靠近。

（8）严禁穿越作业警戒区。

（9）禁止作业人员在防护栏杆、平台等下方有物件坠落危险的地方经过、停留。

（10）使用工具前，应检查工具是否完好。

（11）高压水枪固定不牢时不准加压。操作人员要有固定的立足点，严禁把高压水枪对人。

（12）不熟悉风、气动工具的使用方法和修理方法的人员，不准使用和修理气、风动工具。

### （二）作业后

作业后的设备管理包括：

（1）设备试运时应押回工作票，所有人员应停止工作并撤离到安全地带。

（2）设备试运由运行人员负责操作。

# 第二节　作业过程管控

## 一、人员管控

人员管控包括：

（1）对作业人员进行预防物体打击的安全教育培训，确保作业人员有能力进行工作现场的危险辨识、掌握各项安全防护措施、掌握应急处置知识及急救、自救常识。

（2）严格检查作业人员防护用品的穿戴情况，不合格的立即进行整改。

（3）对未经允许试图进入或已经进入作业区域的人员进行劝阻或责令退出。

（4）停工期间，在有限空间的入口处设置安全警告牌或采取其他封闭措施，防止人员误入。

## 二、监督管理

工作负责人为现场第一监护人，全程监督作业过程，发生异常情况，立即停止作业；涉及有限空间作业时，有限空间作业必须设第二监护人，一级有限空间第二监护人为车间主任及以上人员（检修作业由检修车间主任担任，清理作业由生产车间主任担任），二级、三级有限空间作业第二监护人由班组具有工作负责人资格的员工担任；特殊、高危的有限空间作业由总工程师、生产副职或总经理担任。

## 三、作业技术措施

### （一）日常工作

日常工作包括：

（1）转动设备应加装防护罩。

（2）临时设施的盖顶不得使用石棉瓦做盖顶。临时设施的盖板等要固定。

（3）边长小于或等于 250mm 的预留洞口应用坚实的盖板封闭，用砂浆固定。

（4）所有升降口、大小洞口、楼梯和平台，必须设置符合规范的栏杆和脚步护板。

（5）所有物料应堆放平稳，不得放在临边及洞口附近，堆垛不得超过规定的高度。

（6）有物体打击、高空坠物危险的地点应设置安全警示标识。

### （二）作业前

作业前的技术措施：

（1）在有压力的管道上检修作业，必须先泄压、后作业。

（2）高处作业应铺设隔离层隔离落物。

（3）高处作业人员应佩戴工具袋，工具应系安全绳。

（4）安全通道上方应搭设双层防护棚，防护棚使用的材料要能防止高空坠落物穿透。

（5）清理作业周边不稳定堆放物。

（6）如必须进行交叉作业，要采取隔离等防护措施。

### （三）作业中

作业中的技术措施包括：

（1）拆卸、切割等检修作业，拆卸或切割对象必须先采取防倾倒、掉落的稳固措施，彻底拆除、切割后再进行有效移除。

（2）吊运大件应用有防止脱钩装置的吊钩或卡环，吊运小件应用吊笼或吊斗，吊运长件应绑牢，吊运散料应用吊篮。

（3）吊运一切物料必须由持有司索工上岗证的人员进行指挥，吊运过程中不得发生碰撞。

# 第三节　应急救援

## 一、各类损伤应急救援措施

各类损伤应急救援措施包括：

（1）发生物体打击事故，应马上组织人员抢救伤者，首先观察受伤者的受伤情况、受伤部拉、伤害性质等。如伤员发生休克，应先处理休克。遇呼吸、心跳停止者，应立即进行人工呼吸、胸外心脏按压。处于休克状态的伤者要让其安静、保暖、平卧、少动，并将下肢抬高约20°左右，尽快将伤者送往医院进行抢救治疗。

（2）出现颅脑损伤，必须维持呼吸道通畅，昏迷者应平卧，面部转向一侧，以防舌根下坠导致分泌物、呕吐物吸入，发生喉阻塞。有骨折者，应初步固定后再搬运。遇有凹陷骨折，严重的颅底骨折及严重脑损伤症状出现，创伤处用消毒的纱布或清洁布等覆盖伤口，用绷带或布条包扎好，及时送就近的医院治疗。

（3）发现脊椎受伤者，创伤处用消毒的纱布或清洁布等覆盖伤口，用绷带或布条包扎后。在搬运过程中，应将伤者平卧放在帆布担架或硬板上，以免受伤的脊椎移位、断裂造成截瘫，导致死亡。抢救脊椎受伤者，搬运过程中，严禁只抬伤者的两肩与两脚或单肩背运。

（4）发现伤者手足骨折，不要盲目搬动伤者。应在骨折部位用夹板把受伤位置临时固定，使断端不再移位或刺伤肌肉、神经或血管。固定方法是：以固定骨折处上下关节为原则，可就地取材，用木板、竹竿等材料包扎固定。在无材料的情况下，上肢可固定在身侧，下肢与脚侧下肢缚在一起。

（5）遇有创伤性出血的伤员，应迅速包扎止血，使伤员在头低脚高的卧位，并注意保暖，迅速在现场采取止血处理措施后送医院治疗。

## 二、现场急救方法止血处理措施

现场急救止血处理措施内容如下：

（1）一般伤口的止血法：先用生理盐水冲洗伤口，涂上红汞水，然后盖上消毒纱布，并用绷带较紧地包扎。

（2）加压包扎止血法：选择弹性好的橡皮管、橡皮带或三角巾、毛巾、带状布条等，上肢出血时结扎在上臂上1/2处（靠近心脏的位置），下肢出血时结扎在大腿上1/3处（靠近心脏位置）。结扎时，在止血带与皮肤之间垫上消毒布棉垫，每隔25~40分钟放松一次，每次放松0.5~1min。

（3）动用最快的交通工具或其他措施，及时把伤员送往邻近的医院进行抢救。同时，密切注意伤员的呼吸、脉搏、血压及伤口的情况。

事故发生后应按照《内蒙古大唐国际再生资源开发有限公司事故调查管理办法》的规定进行汇报、上报。

# 第六章

# 机械伤害人身事故防范措施

## 第一节　作业前准备

### 一、管理措施

#### （一）制度标准

熟知《工作票、操作票管理规定》《危险点分析与控制措施手册》。

#### （二）编制审核《三措两案》

1. 现场风险辨识

（1）工作负责人组织工作班成员到现场进行风险辨识。

（2）重点分析：

1）机械设备的安全防护设施是否齐全，有无开焊、缺失、损坏等情况。

2）作业人员掌握安全防护设施的使用知识的情况。

3）作业环境存在的不安全因素，如噪声干扰、照明光线不良、无通风、温湿度不当、场地狭窄、布局不合理等。

2. 编制、审批《三措两案》

由外包单位编制并内部进行审核、批准，经班组（作业组）、车间、分厂、生产管理部、安全环保部专工、部门负责人审核，再由公司生产副总或总工程师批准。

### （三）办理工作票

办理工作票包括：

（1）工作负责人填写工作票。

（2）外包工程实行双工作负责人制，由发包方工作负责人填写工作票的安全措施，承包方工作负责人填写《危险点分析与控制措施票》。

### （四）履行运行许可手续

运行许可手续的履行包括：

（1）工作负责人与工作许可人共同到现场确认安全措施。

（2）确认安全措施正确执行无误后，工作负责人与工作许可人共同在工作现场进行发票。

### （五）现场安全交底

现场安全交底包括：

（1）由工作负责人负责现场交底，具体内容如下：

1）工作内容、工作地点。

2）作业现场需要注意的危险因素及对应的危险控制措施。

3）运行人员所需采取的安全措施。

4）作业过程中面临的风险。

5）个人防护用品的使用方法。

6）应急救援措施与应急救援预案。

7）自救、急救常识。

（2）若使用外包队伍，则包括以下内容：

发包方工作负责人重点负责以下事项的交底：

1）准入区域。

2）工作范围。

3）周围环境存在的风险。

4）工作票安全措施。

5）应急措施、逃生路线及应急设施。

6）危险点及控制措施。

承包方工作负责人重点负责以下事项的交底：

1）工作任务。

2）作业风险。

3）作业过程中的危险点及相应的危险点控制。

4）运行人员所做的安全措施。

5）工作纪律。

6）个人劳保用品的穿戴。

7）应急救援措施与应急救援预案。

8）自救、急救常识。

## 二、作业环境

作业环境应注意：

（1）机械检修必须断电，挂上"禁止操作，有人工作"的标示牌。机械断电后，必须确认其惯性运转已彻底消除后才可进行工作。机械检修完毕，试运转前，必须对现场进行细致检查，确认机械部位人员全部彻底撤离才可取牌合闸。

（2）人手直接频繁接触的机械，必须有完好的紧急制动装置，该制动按钮位置必须使操作者在机械作业活动范围内随时可触及到；机械设备各传动部位必须有可靠的防护装置；各入孔、投料口、螺旋输送机等部位必须有盖板、护栏和警示牌；作业环境保持整洁卫生。

（3）各机械开关布局必须合理，必须符合两条标准：一是便于操作者紧急停车；二是避免误开动其他设备。

## 三、人员管理

### （一）工作许可人

工作许可人应做到：

（1）作业开始前，工作许可人会同工作负责人共同到现场对照工作票逐项检查，确认所列安全措施完善和正确执行。

（2）工作许可人向工作负责人详细说明哪些设备带电、有压力、高温和爆炸等危险，双方共同签字完成工作票许可手续。

（3）在有较大危险性的有限空间作业时，如未办理《有限空间作业许可证》，工作许可人应拒绝办理。

（4）工作许可人要定期到现场了解作业的进展情况。

## （二）工作负责人

工作负责人应做到：

（1）熟悉作业过程中预防机械伤害的措施和方案，以及整个作业过程中存在的危险因素，作业前组织工作班成员结合现场实际，开展"三讲一落实"活动。

（2）掌握作业过程中可能发生的条件变化，工作过程中对作业人员给予必要的安全和技术指导。

（3）当作业条件不符合安全要求时，立即终止作业。

（4）对未经允许试图进入或已经进入作业区域的人员进行劝阻或责令退出。

## （三）工作监护人

工作监护人应做到：

（1）熟悉作业区域的环境和工艺情况，掌握预防机械伤害的措施和方案，了解作业过程中可能面临的危害，掌握急救知识。

（2）作业前负责对安全措施的落实情况进行检查，发现安全措施不落实或不完善时，有权拒绝作业。当安全条件发生变化时，有权停止作业。

（3）观察作业人员的状况，当发现人员绞伤、挤伤或其他异常情况时，应及时制止作业，并帮助作业人员撤离危险区域，同时呼叫救援，采取救护措施。

（4）作业期间不得离开现场或做与监护无关的事情。

## （四）作业人员

作业人员应做到：

（1）接受预防机械伤害安全生产知识培训。

（2）作业前应了解作业内容、地点和工作要求，熟知作业中的危害因素和应采取的安全措施。

（3）确认安全防护措施的落实情况，遵守作业要求，正确使用安全设施和佩戴齐全的劳动防护用品。

（4）严格按照《检修作业指导书》标准进行作业，不得擅自更改作业程序及私自修改规定的技术标准等。

（5）遇有违规强令作业、安全措施不落实、作业监护人不在场等情况有权停止或拒绝作业，并向上级报告。

（6）作业中如出现异常情况或感到身体不适时，应立即向工作负责人报告，并迅速撤离现场。

### （五）培训教育

培训教育内容包括：

（1）工作负责人组织作业人员学习危险点分析与控制措施。

（2）若使用外包队伍，必须对外包人员进行三级安全教育，具体内容如下：

安全环保部必须对承包单位人员进行安全培训教育和考试，并留存试卷。分厂必须对外包队伍人员进行安全教育培训考试，考试成绩及试卷存档备案；车间必须对外包队伍人员进行安全教育培训考试，考试成绩及试卷存档备案；班组必须对外包队伍人员进行安全教育培训考试，考试成绩及试卷存档备案。

（3）培训内容必须结合《三措两案》、《安全规程》、《作业指导书》、作业现场存在的环境危险特性和安全作业要求；作业程序和注意事项；危害因素的辨识；个人防护用品的使用要求；应急救援措施与应急救援预案；防护、自救以及急救常识等。

### （六）现场监护

现场监护包括：

（1）工作负责人为第一监护人。

（2）涉及有限空间作业时必须设第二监护人。由生产职能部门有关管理人员担任，特殊、高危的有限空间作业由总工程师、生产副职或总经理（厂长）担任。

### （七）作业人员防护

作业人员防护包括：

（1）配备符合国家标准的个人防护用品。防护用品应在检验期内，并检验合格。

（2）不同场所个体防护：

1）粉尘较大场所，佩戴防尘口罩。

2）有害气体场所，佩戴防毒面罩。

3）煤气、酸、碱较大场所，必须佩戴防护面具。

（3）存在坍塌、掩埋等风险时，工作人员禁止使用安全带，以便发生坍塌、掩埋时及时逃生；存在高处坠落等风险时，工作人员必须使用防坠器或全身式安全带。

（4）高温作业时，合理安排工作时间，配备防暑降温药品和饮用水，必要时采取强行机械通风的措施。

（5）作业人员感到身体不适时，必须立即撤离现场。

## 四、设备管理

### （一）钻床防控措施

钻床防控措施如下：

（1）操作人员必须经过专业的技能培训，并掌握机械（设备）的现场操作规程和安全防护知识。

（2）操作人员必须穿好工作服，衣服和袖口应扣好，不得戴围巾、领带等，长发必须盘在帽内，不得披散在外。

（3）操作钻床时不得戴手套，穿好工作服，衣服和袖口应扣好，并戴好工作帽。

### （二）机床防控措施

机床防控措施如下：

（1）机床设备各传动部位必须装设防护装置（如传动带、齿轮机、联轴器、飞轮等）。

（2）在机床设备上有可能造成砂轮崩碎、切屑甩出等伤人处，应装设透明挡板。

（3）机床设备必须装设紧急制动装置，做到"一机一闸"。

（4）机床设备周边必须画警戒线，工作现场应设人行通道。

### （三）电钻防控措施

电钻防控措施如下：

（1）电钻外壳应完好无损。

（2）电钻电源线、电源插头应完好无损，接地保护可靠。

（3）钻夹头应固定牢固，自动定心卡爪应完整、灵活，夹持钻头应垂直紧固。

（4）钻头磨损直径不得大于2%，不得有缺损、裂纹、氧化、变形等缺陷。

（5）电钻试转正常，钻头不松动、不摆动。

### （四）台式砂轮防控措施

台式砂轮防控措施如下：

（1）台式砂轮机必须装设托架、防护罩、挡屑板。

（2）防护罩必须用钢板制成，开口角度不超过90°，轮轴水平中心线以上不应大于65°。

（3）防护罩在轮轴水平中心线以上开口角度大于30°时，应装设挡屑板。

（4）挡屑板安装于防护罩开口正端，宽度大于防护罩宽度，与砂轮圆周的间隙应小于6mm。

（5）砂轮应用法兰盘固定，法兰盘的直径应大于砂轮直径的1/3。

### （五）转机防控措施

转机防控措施如下：

（1）转动设备的安全装置应齐全、可靠。

（2）转动设备上的所有螺丝固定应紧固，以防长期运行脱落飞出。

（3）设备的转动部分必须装设防护罩，并标明旋转方向，露出的轴端必须装设护盖。

（4）电动机与机械设备的皮带、齿轮、链条等传动部位均应加装防护罩，并标注旋转方向。

（5）对大型转动设备除装设防护罩外，还必须装设防护栏杆。

（6）输煤皮带的转动部分及拉紧重锤必须装设遮栏，加油装置应接在遮栏外面。

（7）检查各类给料机人孔门是否齐全、完整并盖好。

（8）输粉机、刮板给煤机上的盖板必须齐全盖好，不得敞口运行。

（9）机械传动的各检查孔、送料口等部位必须装设盖板。

（10）输煤皮带两侧的人行通道必须装设固定防护栏杆，并装设事故拉线开关。

（11）在机械转动部分附近使用梯子时，应在梯子与转动部分间临时设置薄板或金属网防护。

（12）严禁在靠背轮上、安全罩上或运行中设备的轴承上行走和坐立。

（13）严禁将头、手脚伸入转动部件的活动区域内。

（14）严禁在螺旋输粉机、刮板给煤机盖板上作业、行走或站立。

（15）在皮带上或其他设备上，严禁站人、越过、爬过及传递各种用具。

### （六）行走设备防控措施

行走设备防控措施如下：

（1）行走轨道必须平直紧固、无任何障碍物，其端部必须装设缓冲器或止挡器。

（2）机械设备最高点与屋架最低点间的距离不小于100mm；机械设备和驾驶室的突出面与建筑物距离不小于100mm。

（3）机械设备平台上必须装设固定的防护栏杆。

（4）机械设备驾驶室的门窗应完好，窗户装设防护栏杆，门装设闭锁。

（5）机械设备应装设可靠的安全保护装置（如限位器、过载保护等），刹车装置应可靠。

（6）斗轮机必须装设锚定装置、缓冲器、夹轮器、限位器、过载保护等安全保护装置，刹车装置应可靠。斗轮机停止作业或检修时，应将轮斗放置有可靠支点的位置固定或着地，并夹轨。

# 第二节　作业过程管控

## 一、人员进出管控

人员进出管控内容包括：

（1）对作业人员进行预防机械伤害的安全教育培训，确保作业人员有能力进行工作现场的危险辨识、掌握各项安全防护措施、掌握应急处置知识及急救、自救常识。

（2）严格检查作业人员防护用品的穿戴情况，不合格的立即进行整改。

（3）对未经允许试图进入或已经进入作业区域的人员进行劝阻或责令退出。

（4）停工期间，在作业区域入口处设置危险警告牌或采取其他封闭措施，防止人员误入。

## 二、监督管理

工作负责人为现场第一监护人，全程监督作业过程，发生异常情况，立即停止作业；涉及有限空间作业时，设备管理人员、安全监督人员必须全过程监督、检查，必须增设第二监护人。

## 三、作业技术措施

### （一）钻床作业技术措施

钻床作业技术措施如下：

（1）操作人员应站在机床旁，不得站在切屑甩出方向，操作中应精力集中，严禁与无关人员聊天。

（2）机床设备上的安全防护装置、联锁装置不得随意拆除。

（3）装拆刀具、夹具时，必须切断机床电源。

（4）操作人员的头部不得靠近旋转的卡盘或工件。

（5）加工工件时，不得用手拿工件直接加工，不得将手指垫在板料下送料。

（6）加工工件时，需要调整或测量工件必须停车进行。

（7）取卡住模具或机械设备检查时，必须切断电源，挂上"禁止合闸"牌。

（8）使用钻床、车床等转动机械时，严禁戴手套操作。

（9）工作结束，必须断开电源，清理工作台上的工件、切屑和刀具。

## （二）机床作业技术措施

机床作业技术措施如下：

（1）操作人员应站在机床旁，不得站在切屑甩出方向，操作中应精力集中，严禁与无关人员聊天。

（2）机床设备上的安全防护装置、联锁装置不得随意拆除。

（3）装拆刀具、夹具时，必须切断机床电源。

（4）操作人员的头部不得靠近旋转的卡盘或工件。

（5）加工工件时，不得用手拿工件直接加工，不得将手指垫在板料下送料。

（6）加工工件时，需要调整或测量工件必须停车进行。

（7）取卡住模具或机械设备检查时，必须切断电源，挂上"禁止合闸"牌。

（8）使用钻床、车床等转动机械时，严禁戴手套。

（9）工作结束，必须断开电源，清理工作台上的工件、切屑和刀具。

## （三）电钻作业技术措施

电钻作业技术措施如下：

（1）操作人员必须戴好防护眼镜，面部朝上钻孔时应戴上防护面罩。

（2）钻孔前应紧固好钻头且试转正常后，再对准工件垂直钻孔；钻孔时不得用力过猛，以免钻头压断反弹伤人。严禁斜向钻孔。

（3）在金属材料上钻孔时，应先在钻孔位置处冲打上洋冲眼，然后再钻孔。

（4）钻大孔时应先用小钻头钻穿，然后用大钻头钻孔。严禁用小钻头扩孔。

（5）如需长时间在金属上钻孔时，可采取一定的冷却措施，以保持钻头锋利。

（6）钻屑应用专用工具清理，严禁直接用手清理，电钻旋转时，不得随意放置。

## （四）台式砂轮作业技术措施

台式砂轮作业技术措施如下：

（1）操作人员应站在砂轮机侧面，严禁站在砂轮机的正面操作。

（2）使用前必须对砂轮机的底座、砂轮片、防护罩外观进行检查，并试转确认砂轮机正常。

（3）磨削工件时，应火星向下。严禁用工件撞击、猛压或用砂轮侧面磨削。

（4）严禁使用无防护罩的砂轮。

（5）严禁用砂轮研磨软金属、非金属以及较大的工件。

（6）严禁两人使用同一个砂轮研磨工件。

（7）砂轮机在断电过程中，严禁进行打磨作业。

## （五）转机作业技术措施

转机作业技术措施如下：

（1）设备检修必须断开电源，悬挂警示牌，并做好防止设备误转动的措施。

（2）风机未解体且需进入机壳内作业时，必须做好防止风机叶轮自转的措施。严禁用电动机冷却风扇叶轮来制动风机的转子。

（3）当翻车机回转至90°需清车底时，或清理煤箅子上的煤块、杂物时，必须经值班人员许可，并切断电源。

（4）旋转式空气预热器的内部有人作业时，在人孔门处必须设专人监护。

（5）设备试运必须将工作票交回工作许可人。严禁检修人员试运操作设备。

（6）电动机和热机转动设备连接时，严禁试转电动机。

（7）设备试转时，人员应站在转动设备的轴向位置，以防零部件飞出伤人。

（8）转动机械检修完毕后，应及时恢复防护装置，否则不准启动机械。

（9）吸风机、送风机、回转式空气预热器等试运前，必须确认燃烧室、烟道、空气预热器等处无人。

（10）严禁擅自拆除设备上的安全防护设施。

（11）皮带运行中，遇紧急情况可拉"皮带拉线开关"停止皮带运行。

### （六）行走设备作业技术措施

行走设备作业技术措施如下：

（1）操作人员应经过专业的技能培训合格后，方可上岗作业。

（2）操作人员进入驾驶室内必须将门关好，行车中肢体不得探出驾驶室，不得行车中出入驾驶室。

（3）作业前必须空载试车正常，并确认安全保护装置灵敏、可靠。

（4）机械设备行走前，必须先响铃后动车，不得车动铃响。

（5）机械设备运行中，不得在移动设备上从事清扫、擦拭等作业。

# 第三节　应急救援

发生机械伤害后，现场施工负责人应立即向上级报告并通知应急救援小组，同时拨打120救护中心电话与医院取得联系，应详细说明事故地点、严重程度，并派人到路口接应。在医护人员没有来到之前，应检查受伤者的伤势、心跳及呼吸情况，视不同情况采取不同的急救措施，具体如下：

（1）对被机械伤害的伤员，应迅速小心地使伤员脱离伤源，必要时拆卸机器，移出受伤的肢体。

（2）对发生休克的伤员，应首先进行抢救。遇有呼吸、心跳停止者，可采取人工呼吸或心肺复苏法，使其恢复正常。

（3）对骨折的伤员，应利用木板、竹片和绳布等捆绑骨折处的上下关节，固定骨折部位：也可将其上肢固定在身侧，下肢与下肢缚在一起。

（4）对伤口出血的伤员，应让其以头低脚高的姿势躺卧，使用消毒纱布或清洁织物覆盖在伤口上，用绷带较紧地包扎，以压迫止血，或者选择弹性好的橡皮管、橡皮带或三角巾、毛巾、带状布巾等。对上肢出血者，捆绑在其上臂1/2处，对下肢出血者，捆绑其大腿上2/3处，并每隔25~40min放松一次，每次放松0.5~1min。

事故发生后应按照《内蒙古大唐国际再生资源开发有限公司事故调查管理办法》的规定进行汇报、上报。

# 第七章

# 灼烫伤人身事故防范措施

## 第一节　作业前准备

### 一、管理措施

#### （一）制度标准

掌握《电业安全工作规程》、《工作票、操作票管理规定》、《危险点分析与控制措施手册》等标准、制度。

#### （二）编制审核《三措两案》

1. 现场风险辨识

（1）工作负责人组织工作班成员到现场进行风险辨识。

（2）重点分析：

1）作业地点附近压力容器、高压蒸汽管道是否发生泄漏，保温措施是否良好。

2）化学药品管理和使用是否符合规定。

3）作业区域内热源（如电解槽、换热机组等）安全防护措施是否齐全、完整、可靠。

4）使用煤气、天然气、液化气等的燃烧装置，是否有煤气、天然气、液化气紧急切断阀，以及火灾报警器、超敏度气体报警器。

5）腐蚀性物料性质，及可能进料的部位。

2. 编制《三措两案》

班组（作业组）编制并初审，若是外包工程由外包单位编制并内部审核、批准。

3. 审核《三措两案》

班组（作业组）初审，车间审核，经分厂、生产管理部、安全环保部专工、部门负责人审核，由生产副职或总工程师批准。

### （三）办理工作票

办理工作票包括：

（1）工作负责人填写工作票。

（2）除长期项目部外，外包工程实行双工作负责人制，由承包方工作负责人填写工作票的安全措施及《危险点分析与控制措施票》，由发包方工作负责人负责审核把关。

### （四）履行运行许可手续

运行许可手续的履行包括：

（1）工作负责人与工作许可人共同到现场确认安全措施。

（2）工作负责人与工作许可人共同确认安全措施无误后进行现场发票。

### （五）现场安全交底

现场安全交底内容包括：

（1）本单位由工作负责人负责现场交底，具体交底内容包括：

1）工作内容、工作地点。

2）作业现场需要注意的危险因素及对应的危险控制措施。

3）运行人员所需采取的安全措施。

4）作业过程中面临的风险。

5）个人防护用品的使用方法。

6）应急救援措施与应急救援预案。

7）自救、急救常识。

（2）若使用外包队伍，则包括以下内容：

发包方工作负责人重点负责以下事项的交底：

1）准入区域。

2）工作范围。

3）周围环境存在的风险。

4）工作票安全措施。

5）应急措施、逃生路线及应急设施。

6）危险点及控措施。

承包方工作负责人重点负责以下事项的交底：

1）工作任务。

2）作业风险。

3）作业过程中的危险点及相应的危险点控制。

4）运行人员所做的安全措施。

5）工作纪律。

6）个人劳保用品的穿戴。

7）应急救援措施与应急救援预案。

8）自救、急救常识。

## 二、作业环境

作业环境应注意：

（1）现场所有的孔洞、井及沟道等必须铺有与地面齐平的盖板，防止工作人员落入导致烫伤。进入这些场所工作时必须采取可靠的安全措施，防止蒸汽、料浆或热水在检修期间流入工作地点。有关的阀门必须关严，上锁并挂"禁止操作，有人工作"的标示牌。

（2）酸、碱储罐应设立防泄漏围堰，周围应有明显的警示标识，半径15m内应设紧急冲洗、喷淋装置；接触腐蚀类物质作业区必须设置急冲洗喷淋装置，并备有洗眼器、硼酸水等。

（3）使用煤气、天然气、液化气等的燃烧装置，应有煤气、天然气、液化气紧急切断阀，以及火灾报警器、超敏度气体报警器。

（4）所有的高温管道的保温必须要完整。

## 三、人员管理

### （一）工作许可人

工作许可人应做到：

（1）作业开始前，工作许可人会同工作负责人共同到现场对照工作票逐项检查，确认所列安全措施完善和正确执行。

（2）工作许可人向工作负责人详细说明哪些设备带电、有压力、高温和爆炸等危险，双方共同签字完成工作票许可手续。

（3）在有较大危险性的有限空间作业时，如未办理《有限空间作业许可证》，工作许可人应拒绝办理。

（4）工作许可人要定期到现场了解作业的进展情况。

### （二）工作负责人

工作负责人应做到：

（1）熟悉作业过程中灼烫伤害的措施和方案，以及整个作业过程中存在的危险因素，作业前组织工作班成员结合现场实际，开展"三讲一落实"活动。

（2）掌握作业过程中可能发生的条件变化，工作过程中对作业人员给予必要的安全和技术指导。

（3）当作业条件不符合安全要求时，立即终止作业。

（4）对未经允许试图进入或已经进入作业区域的人员进行劝阻或责令退出。

### （三）工作监护人

工作监护人应做到：

（1）熟悉作业区域的环境和工艺情况，掌握预防灼烫伤害的措施和方案，了解作业过程中可能面临的危害，掌握急救知识。

（2）作业前负责对安全措施落实情况进行检查，发现安全措施不落实或不完善时，有权拒绝作业。当安全条件发生变化时，有权停止作业。

（3）观察作业人员的状况，当发现人员烫伤、烧伤或其他异常情况时，应及时制止作业，并帮助作业人员撤离危险区域，同时呼叫救援，采取救护措施。

（4）作业期间不得离开现场或做与监护无关的事情。

### （四）作业人员

#### 1. 作业前

（1）作业人员必须接受防止烫伤或灼伤的安全知识培训。

（2）作业前应了解作业内容、地点和工作要求。

（3）组织"三讲一落实"活动，熟知作业中的危害因素和应采取的安全措施。工作前应进行安全交底，向检修人员交代清楚隔离措施、运行方式和注意事项。

（4）必须办理工作票，确认安全防护措施的落实情况，经监护人同意后方可作业。

2. 作业中

（1）正确使用安全设施和佩戴劳动防护用品，如安全帽、防烫工作服、防护手套、防毒面具或空气呼吸器等。

（2）遇有违规强令作业、安全措施不落实、作业监护人不在场等情况有权停止或拒绝作业，并向上级报告。

（3）作业中如出现异常情况或感到身体不适时，应立即向工作负责人报告，并迅速撤离现场。

3. 作业后

（1）检查现场是否留有易发生灼烫伤的安全隐患。

（2）恢复安全设施与标识。

（3）做到作业完毕不留隐患，现场清洁。

（五）培训教育

培训教育内容包括：

（1）工作负责人组织作业人员学习《三措两案》。

（2）若有外包人员参与，必须对外包人员进行三级安全教育，具体内容如下：

安全环保部必须对承包单位人员进行安全培训教育和考试，并留存试卷。分厂必须对外包队伍人员进行安全教育培训考试，考试成绩及试卷存档备案；车间必须对外包队伍人员进行安全教育培训考试，考试成绩及试卷存档备案；班组必须对外包队伍人员进行安全教育培训考试，考试成绩及试卷存档备案。

（3）培训内容必须结合《三措两案》、《安全规程》、《作业指导书》、作业现场存在的环境危险特性和安全作业要求；作业程序和注意事项；危害因素的辨识；个人防护用品的使用要求；应急救援措施与应急救援预案；防护、自救以及急救常识等。

### （六）现场监护

现场监护包括：

（1）工作负责人为第一监护人。

（2）涉及有限空间作业时必须设第二监护人。由生产职能部门有关管理人员担任，特殊、高危的有限空间作业由总工程师、生产副职或总经理（厂长）担任。

### （七）作业人员防护

作业人员防护包括：

（1）正确使用安全设施和佩戴劳动防护用品，如安全帽、防烫工作服、防护手套、防毒面具或空气呼吸器等。

（2）遇有违规强令作业、安全措施不落实、作业监护人不在场等情况有权停止或拒绝作业，并向上级报告。

（3）作业中如出现异常情况或感到身体不适时，应立即向工作负责人报告，并迅速撤离现场。

## 四、设备管理

设备管理包括：

（1）酸、碱储罐应设立防泄漏围堰，周围应有明显的警示标识，半径15m内应设紧急冲洗、喷淋装置；接触腐蚀类物质作业区必须设置急冲洗喷淋装置，并备有洗眼器、硼酸水等。

（2）在容器内作业时，除做好可靠的隔绝措施，必须在外面设有专人监护。作业时应加强通风，严禁向内部输送氧气和用氧气吹扫容器内积存的杂质。

（3）所有热力系统中的设备，检修前为避免蒸汽或热水进入设备内，应将检修的设备和连接的管道、设备、疏水管和旁路管等进行可靠的隔断，所有被隔断的阀门应上锁，并挂上"禁止操作，有人工作"的标示牌。

（4）使用煤气、天然气、液化气等的燃烧装置，应有煤气、天然气、液化气紧急切断阀，以及火灾报警器、超敏度气体报警器。

（5）高低压蒸汽管道、换热机组、换热器等设备进行检修作业时，应用阀门与蒸汽母管、供热管道进行可靠隔断，并挂上"禁止操作，有人工作"的标示牌，高低压蒸汽管道各疏水出口处，应有必要的保护遮盖装置，防止疏水时发生伤人事故。

（6）作业区域内热源（如电解槽、换热机组等）安全防护措施要齐全、完整、可靠，电解槽槽盖板要完整无缺失，盖板、大小面炉门必须牢固可靠。换热系统设备保温完整、符合规定。铸造熔炼炉、保温炉、铸机等，周围必须设置挡铝围堰，铸造流程必须设置铝液紧急排放和储存措施。

（7）加强对酸、碱等腐蚀性危险化学品等容器的日常检查，及时淘汰不合格的贮存装置，涉及承装酸、碱容器内部的检修作业必须进行清洗、置换及检测，并可靠隔绝酸、碱等腐蚀危险化学品的进料管线。

# 第二节　作业过程管控

## 一、人员管控

人员管控包括：

（1）对作业人员进行预防机械伤害的安全教育培训，确保作业人员有能力进行工作现场的危险辨识、掌握各项安全防护措施、掌握应急处置知识及急救、自救常识。

（2）严格检查作业人员防护用品的穿戴情况，不合格的立即进行整改。

（3）对未经允许试图进入或已经进入作业区域的人员进行劝阻或责令退出。

（4）停工期间，在作业区域的入口处设置危险警告牌或采取其他封闭措施，防止人员误入。

## 二、监督管理

工作负责人为现场第一监护人，全程监督作业过程，发生异常情况，立即停止作业；涉及有限空间作业时，设备管理人员、安全监督人员必须全过程监督、检查，必须增设第二监护人。

## 三、作业技术措施

### （一）热管道、蒸汽

热管道、蒸汽作业技术措施如下：

（1）认真核对设备隔离措施，操作高温设备时必须戴防烫手套。

（2）在点火期间或燃烧不稳时，不得站在燃烧器检查孔对面，以防火焰喷出伤人。

（3）压力容器检修前，系统内所存的介质必须放尽，压力降为零。

（4）各疏水、汽水、无压力时再发工作票，阀门应挂警告牌，重要阀门要上锁。

（5）检修带高温设备时，应待设备冷却后再作业；抢修时，应戴防烫手套和穿专用防护服。

（6）松解法兰时，不准正对法兰站立，防止残余介质喷出伤人。

### （二）化学灼伤

化学灼伤的作业技术措施如下：

（1）作业前应穿戴好防护工作服，使用安全工具。

（2）规范操作，化学品不要乱放、乱倒，用完要放到原来的位置。

（3）在搬取危险化学药品和进行操作时，一定要注意，防止滑倒。

（4）了解被化学物品灼伤后的处理方法。

（5）作业前确认应急救援物资的位置及数量是否满足现场要求。

### （三）电弧灼伤

电弧灼伤的作业技术措施如下：

（1）穿好工作服，戴好手套，严禁卷起袖口、穿短袖衣及敞开衣服等作业，防止电焊飞溅物灼伤皮肤。

（2）防止合闸刀时发生电弧灼伤，合闸时应将焊钳挂起来或者放在绝缘板上；拉闸时必须先停止焊接工作。

（3）仰焊时飞溅严重，应加强防护，以免发生被飞溅物灼伤的事故。

（4）作业时，电焊机两极之间的电弧放电，易灼伤眼睛，应使用符合劳动保护要求的面罩。

### （四）工器具使用不当造成灼烫

工器具使用不当造成灼烫的作业技术措施如下：

（1）使用氧气、乙炔等动火作业时要符合电力安全作业规范的作业要求，作业前检查气带、回火器等是否完好，作业人员佩戴防护眼镜。

（2）焊接作业设置专人监护，作业前将周围易燃物品彻底清理。

（3）仰焊时飞溅严重，应加强防护，以免发生被飞溅物灼伤的事故。

（4）作业时，电焊机两极之间的电弧放电，易灼伤眼睛，应使用符合劳动保护要求的面罩。

# 第三节　应急救援

## 一、热力烧伤

由热液（热水等）、热灰、蒸气、高温金属（固态、液态）热压伤及火焰等致烧伤。

（1）急救措施：烧伤病人的现场急救是烧伤治疗的起始和基础，正确的处理将对以后的病程产生十分重要的影响。热力烧伤急救原则为：冲、脱、泡、盖、送。

1）冲：用冷水冲洗，可以控制局部的病理过程，减轻局部损害，减轻疼痛。

2）脱：在冷水冲洗之后，立即脱去被热液浸渍的衣物，使热力不再继续作用。

3）泡：脱下被热液浸渍的衣物后，再继续冷水冲洗、浸泡。水温越低、效果越好，一般在15℃以下，持续时间越长越好，一般不少于30min。但水温和时间也应结合季节、室温、烧伤面积、伤员体质而定。气温低、烧伤面积大、年老体弱，就不能耐受较大体表范围的冷水冲洗。

4）盖：在送至医院就诊前，创面用无菌敷料覆盖，没有条件的也可用清洁布单或被服覆盖，尽量避免与外界直接接触。

5）送：经过现场急救之后，为使伤员能够得到及时、系统的救治，应尽快转送医院，送医的原则是尽早、尽快、就近。

（2）常见烧烫伤现场急救：

1）中小面积烫伤急救：以冷水疗法效果最好。除可减轻或缓解疼痛外，还可迅速降低创面及其皮下温度，防止热力对组织的继续损害；有效地降低毛细血管的通透性，减低组织胺的释放，从而减轻水肿以及减低局部新陈代谢率及氧耗。方法为：用温度较低的冷水对烫伤部位进行浸泡、冲洗或湿敷，一般可采用自来水或井水。四肢创面常用浸泡或冲洗法，躯干、头部则用冲淋或湿敷。时间一般为 30~60min，水温越低、冷疗时间越长，止痛效果越好。但在冬季水温应以病人可以耐受、脱离水源后创面灼痛感（减轻）缓解为宜。冲洗过后的创面不可随意涂抹牙膏、酱油、碱粉、红汞、龙胆紫、童子尿等，其后果往往适得其反。

2）火焰烧伤急救：应迅速脱掉燃烧的衣服，切忌奔跑、呼喊、以手扑火，以免助火燃烧而引起头、面部、呼吸道和手部烧伤，应就地滚动或用棉被、毯子等覆盖着火部位。适宜水冲，以水灭火，也可跳进附近水池或河沟内灭火；不适合水冲的，用灭火器。创面处理仍以冷水疗法。

## 二、化学烧伤

指由某种化学物质直接刺激、腐蚀皮肤，或其化学反应热导致的皮肤组织急性损伤。化学物对局部组织的作用机理有氧化作用、还原作用、腐蚀作用、原生质毒、脱水作用与起疱作用。

（1）急救措施：酸、碱或其他化学物质造成的烧伤，均应迅速脱去被浸渍的衣物，并用大量清水长时间冲洗，以达到稀释和除去创面上存留的化学物质的目的。在尽快脱衣中，同时也要注意保护，不要让浸透有化学物质的衣服接触到未被烧伤的皮肤，使烧伤面积增大。用水冲洗要注意水量要大，时间要足够长，因为有些化学物质遇水会产热，如果水量不足，散热不充分，反而会附加热力烧伤。

碱类烧伤，一般不主张用中和的方法，而是提倡用水冲洗。如果无禁忌和耐受问题，大量水冲洗时间不应少于 2h，有条件的用 pH 试纸测试，冲洗到 pH 值变为中性。

（2）特殊烧伤现场急救。

1）生石灰烧伤：应先用干布或软毛刷将生石灰擦除干净，再用大量水冲洗，以避免生石灰遇水产热而加重烧伤。

2）磷烧伤：无机磷的自燃点低，如果暴露于空气中，很易自燃，所以现场用大量清水冲洗外，应尽可能除去可见的磷颗粒，然后用湿布包扎创面，使磷与空气隔绝，防止继续燃烧。注意不能用任何油质的敷料包扎创面，以避免磷的溶解与吸收，导致更为严重的磷中毒。

3）眼部化学烧伤急救：用流动水缓慢冲洗眼睛 20min 以上，淋水时轻轻用手指撑开上、下眼睑，并叮嘱伤员眼球要向各方转动。切忌揉挤眼睛，不要往眼部涂抹油性药物。

## 三、电烧伤

电烧伤急救措施包括：

（1）电击伤急救措施：急救人员应立即关闭电源，或用不导电的绝缘物如木棒、竹竿使伤员脱离电源，切记不可用手拉伤员或电器、电线，以免急救者触电。急救的重要方面是对心肺功能的维护，对呼吸心跳停止的病人，应立即进行有效的人工呼吸和体外心脏按压。

（2）电火花、电弧烧伤可按热力烧伤原则进行现场急救。

（3）烧伤伴合并伤时现场急救：在烧伤急救中，对危及病人生命的合并伤，应迅速给予处理，如活动性出血，应给予压迫或包扎止血；开放性损伤争取无菌包扎和保护；合并颅脑和脊柱损伤者，应在注意制动下小心搬动；合并骨折者，给予简单固定。

事故发生后应按照《内蒙古大唐国际再生资源开发有限公司事故调查管理办法》的规定进行汇报、上报。

# 第八章

# 坍塌人身事故防范措施

## 第一节　作业前准备

### 一、管理措施

#### （一）制度标准

掌握《电业安全工作规程》、《建筑施工扣件式钢管脚手架安全技术规范》（JGJ 130—2011）、《工作票、操作票管理规定》、《危险点分析与控制措施手册》、《有限空间作业安全管理规定》等标准、制度。

#### （二）编制审核《三措两案》

1. 现场风险辨识

（1）工作负责人组织工作班成员到现场进行风险辨识。

（2）重点分析：

1）脚手架搭设是否符合《建筑施工扣件式钢管脚手架安全技术规范》（JGJ 130—2011）。

2）大型脚手架每日使用前必须进行整体检查，检查合格后方可使用，并留有检查记录。

3）每班开始工作前，应详细检查挖土的边坡是否有松动、断裂、虚软和悬土层等现象，如有上列现象，必须先排除险情后，方可作业。

4）检查有限空间内积料、结疤情况，对高度超过3m或结疤厚度超过1m的，提高监护等级为一级有限空间作业。

5）现场物品码放是否存在超高现象、是否存在坍塌风险。

2. 编制《三措两案》

班组（作业组）编制并初审，若是外包工程由外包单位编制并内部审核、批准。

3. 审核《三措两案》

班组（作业组）初审，车间审核，经分厂、生产管理部、安全环保部专工、部门负责人审核，由生产副总或总工程师批准。

### （三）办理工作票

办理工作票包括：
（1）工作负责人填写工作票、动土工作票。
（2）除长期项目部外，外包工程实行双工作负责人制，由承包方工作负责人填写工作票的安全措施及《危险点分析与控制措施票》，由发包方工作负责人负责审核把关。

### （四）履行运行许可手续

运行许可手续的履行包括：
（1）工作负责人与工作许可人共同到现场确认安全措施。
（2）工作负责人与工作许可人共同确认安全措施无误后进行现场发票。

### （五）现场安全交底

现场安全交底内容包括：
（1）本单位由工作负责人负责现场交底，具体内容如下：
1）工作内容、工作地点。
2）作业现场需要注意的危险因素及对应的危险控制措施。
3）运行人员所需采取的安全措施。
4）作业过程中面临的风险。
5）个人防护用品的使用方法。
6）应急救援措施与应急救援预案。

7）自救、急救常识。

（2）若使用外包队伍，则包括以下内容：

发包方工作负责人重点负责以下事项的交底：

1）准入区域。

2）工作范围。

3）周围环境存在的风险。

4）工作票安全措施。

5）应急措施、逃生路线及应急设施。

6）危险点及控措施。

承包方工作负责人重点负责以下事项的交底：

1）工作任务。

2）作业风险。

3）作业过程中的危险点及相应的危险点控制。

4）运行人员所做的安全措施。

5）工作纪律。

6）个人劳保用品的穿戴。

7）应急救援措施与应急救援预案。

8）自救、急救常识。

## 二、作业环境

作业环境应注意：

（1）雨期施工，作业单位应对施工现场的排水系统进行检查和维护，保证排水畅通。

（2）土方开挖时，作业单位应对相邻建（构）筑物、道路的沉降和位移情况进行观察。

（3）当发现土壤有可能坍塌或滑动裂缝时，所有在下面工作的人员必须离开工作面，消除风险后再进行工作。在雨季和化冻期间应注意土方坍塌。

（4）在挖掘地区内发现有事先未预料到的地下设备或其他不可辨别的东西时，应立即停止工作，并报告上级领导处理，严禁随意敲击或处置。

（5）挖土机械在建筑物附近工作时，对墙柱、台阶等建筑物的距离应保持在1m以上，以免推倒建筑物。

（6）进入有限空间工作时必须采取可靠的安全措施，防止蒸汽、料浆或热水在检修期间流入工作地点。有关的阀门必须关严，上锁并挂上"禁止操作，有人工作"的标示牌。

（7）在搭拆脚手架的周围应设围栏，并在通向拆除地区的路口悬挂警告牌，禁止与该项工作无关的人员逗留。

（8）脚手架基础必须平整坚实，有排水措施，满足架体支搭要求，确保不沉陷、不积水。

## 三、人员管理

### （一）工作许可人

工作许可人应做到：

（1）作业开始前，工作许可人会同工作负责人共同到现场对照工作票逐项检查，确认所列安全措施完善和正确执行。

（2）工作许可人向工作负责人详细说明哪些设备带电、有压力、高温和爆炸等危险，双方共同签字完成工作票许可手续。

（3）在有较大危险性的有限空间作业时，如未办理《有限空间作业许可证》，工作许可人应拒绝办理。

（4）工作许可人要定期到现场了解作业的进展情况。

### （二）工作负责人

工作负责人应做到：

（1）熟悉作业过程中坍塌伤害的措施和方案，以及整个作业过程中存在的危险因素，作业前组织工作班成员结合现场实际，开展"三讲一落实"活动。

（2）掌握作业过程中可能发生的条件变化，工作过程中对作业人员给予必要的安全和技术指导。

（3）当作业条件不符合安全要求时，立即终止作业。

（4）对未经允许试图进入或已经进入作业区域的人员进行劝阻或责令退出。

### （三）工作监护人

工作监护人应做到：

（1）熟悉作业区域的环境和工艺情况，掌握预防坍塌伤害的措施和方案，了解作业过程中可能面临的危害，掌握急救知识。

（2）作业前负责对安全措施的落实情况进行检查，发现安全措施不落实或不完善时，有权拒绝作业。当安全条件发生变化时，有权停止作业。

（3）观察作业人员的状况，当发现人员烫伤、烧伤或其他异常情况时，应及时制止作业，并帮助作业人员撤离危险区域，同时呼叫救援，采取救护措施。

（4）作业期间不得离开现场或做与监护无关的事情。

## （四）作业人员

作业人员应做到：

（1）接受预防坍塌安全知识培训。

（2）作业前应了解作业内容、地点和工作要求，熟知作业中的危害因素和应采取的安全措施。

（3）确认安全防护措施落实情况，遵守作业要求，正确使用安全设施和佩戴齐全劳动防护用品。

（4）严格按照《检修作业指导书》标准进行作业，不得擅自更改作业程序及私自修改规定的技术标准等。

（5）遇有违规强令作业、安全措施不落实、作业监护人不在场等情况有权停止或拒绝作业，并向上级报告。

（6）作业中如出现异常情况或感到身体不适时，应立即向工作负责人报告，并迅速撤离现场。

## （五）培训教育

培训教育内容包括：

（1）工作负责人组织作业人员学习危险点分析及防范措施、《三措两案》。

（2）若有外包人员参与，必须对外包人员进行三级安全教育，具体内容如下：

安全环保部必须对承包单位人员进行安全培训教育和考试，并留存试卷。分厂必须对外包队伍人员进行安全教育培训考试，考试成绩及试卷存档备案；

车间必须对外包队伍人员进行安全教育培训考试，考试成绩及试卷存档备案；班组必须对外包队伍人员进行安全教育培训考试，考试成绩及试卷存档备案。

（3）培训内容必须结合《三措两案》《安全规程》《作业指导书》、作业现场存在的环境危险特性和安全作业要求；作业程序和注意事项；危害因素的辨识；个人防护用品的使用要求；应急救援措施与应急救援预案；防护、自救以及急救常识等。

### （六）作业人员防护

作业人员防护包括：

（1）正确使用安全设施和佩戴劳动防护用品，如安全帽、工作服、防护手套等。

（2）遇有违规强令作业、安全措施不落实、作业监护人不在场等情况有权停止或拒绝作业，并向上级报告。

（3）作业中如出现异常情况或感到身体不适时，应立即向工作负责人报告，并迅速撤离现场。

## 四、设备管理

### （一）土方坍塌

1. 作业前

（1）土石方工程施工前，应了解施工场地的地质、水文和地下管网布置等基本情况，有针对性地采用合理的施工方法。

（2）大型基坑、井坑的排水设施必须在开挖前经过设计并具有建设单位、设计单位、施工单位审核的施工方案。

（3）基础施工要有支护方案，基坑深度超过 5m，要有专项支护的设计。

（4）每班开始工作前，应详细检查挖土的边坡是否有松动、断裂、虚软和悬土层等现象，如有上列现象，必须先排除险情后，方可作业。

2. 作业中

（1）土方开挖时，施工单位应对相邻建（构）筑物、道路的沉降和位移情况进行观察。

（2）严禁作业中拆移土壁支撑和其他支护设施。

（3）在施工中应经常检查支撑的安全状况，有危险征象时，应立即加固。

（4）当发现土壤有可能坍塌或滑动裂缝时，所有在下面工作的人员必须离开工作面，消除风险后再进行工作。在雨季和化冻期间应注意土方坍落。

（5）禁止一切人员在坑槽内休息，防止边坡坍塌被砸或被埋。

（6）工人上下基坑不准攀登水平支撑或撑杆。

（7）在挖掘地区内发现有事先未预料到的地下设备或其他不可辨别的东西时，应立即停止工作，并报告上级领导处理，严禁随意敲击或处置。

（8）挖土机械在建筑物附近工作时，对墙柱、台阶等建筑物的距离应保持在 1m 以上，以免推倒建筑物。

（9）雨期施工，施工单位应对施工现场的排水系统进行检查和维护，保证排水畅通。在傍山、沿河地区施工时，应采取必要的防洪、防泥石流措施。

（10）支柱、木板拆卸工作必须在工作负责人的指导下进行。

### （二）脚手架坍塌

脚手架坍塌的管理措施包括：

（1）新购置的扣件应有出厂合格证明。

（2）20m 以上的高大脚手架和特殊形式的脚手架，例如悬吊式脚手架应有专门设计，并经本单位主管生产的领导批准。

（3）搭脚手架必须在专人的统一指挥下，由具有合格资质的专业架子工进行。搭设过程中，严禁拆除主节点处的纵、横向水平杆，纵、横向扫地杆，连墙件。

（4）禁止将脚手架直接搭靠在楼板的木楞上及未经计算过补加荷重的结构部分上，或将脚手架和脚手板固定在建筑不十分牢固的结构上（如栏杆、管子等）。严禁在各种管道、阀门、电缆架、仪表箱、开关箱及栏杆上搭设脚手架。

（5）脚手架必须经验收后方可使用。使用期间工作负责人应该经常检查，发现问题应及时维修和加固。

（6）特殊型的大型脚手架，必须由使用部门负责人、使用工作负责人、脚手架搭建负责人共同进行验收。验收合格后，方可交付使用。

（7）使用脚手架前，必须核对承载能力。严禁超载使用。

（8）在工作过程中，不准随意改变脚手架的结构，有必要时，必须经过搭设脚手架的技术负责人同意。

（9）禁止在脚手架和脚手板上进行起重工作、聚集人员或放置超过计算荷重的材料。

（10）用起重装置起吊重物时，不得将起重装置和脚手架的结构相连。

（11）拆除大型脚手架时，必须编制施工方案，并设专人监护。

（12）在准备拆除脚手架的周围应设围栏，并在通向拆除地区的路口悬挂警告牌，禁止与该项工作无关的人员逗留。

（13）脚手架拆除时，不得先拆除连墙杆。

（14）严禁采取将整个脚手架推倒拆除。

（15）严禁用木桶、木箱、砖及其他建筑材料搭临时铺板来代替正规脚手架。

（16）不得在脚手架基础及其邻近处进行挖掘作业，否则应采取安全措施，并报主管部门批准。

（17）一切起重设备和混凝土输送泵管在使用中要与脚手架采取有效隔离和防振措施，以防脚手架受到振动、冲击而失稳。

### （三）堆置物坍塌

堆置物坍塌的管理措施包括：

（1）人员不得在堆置物上站立或穿行。

（2）人员不得在堆置物旁边工作或休息。

（3）堆放物料中，发现堆置物不稳时，不得继续向上堆放。

（4）取堆置物料时，应自上而下顺序进行，不得从中间抽取物料。

（5）堆放物料前必须确认堆放物处的承重满足要求，必须确认堆放物处的基础下方无沟道、孔洞等。

（6）堆放较高立放物件时，必须做好防倾倒措施。

（7）堆置物不得作为其他物料倚靠。

（8）进入有煤的煤斗、煤仓内部作业时，如果煤堆积在煤斗的一侧并有很大的陡坡（60°~70°）时，应在进入煤斗前将陡坡用捅条消除，以免塌陷将人埋住。

（9）工作人员必须使用全身式安全带和防坠器。防护用品应在检验期内，并检验合格。

（10）规范现场管理，存在坍塌风险的环境，应尽量避免人员长期逗留，避免将人员密集的休息室、值班室等设施设置在存在坍塌可能性的环境，严禁将操作室作为值班室。

# 第二节　作业过程管控

## 一、人员管控

人员管控包括：

（1）对作业人员进行预防坍塌的安全教育培训，确保作业人员有能力进行工作现场的危险辨识、掌握各项安全防护措施、掌握应急处置知识及急救、自救常识。

（2）严格检查作业人员防护用品的穿戴情况，不合格的立即进行整改。

（3）严禁非工作班成员擅自进入作业区域。

（4）停工期间，在作业区域封闭措施，防止人员误入，夜间设置警戒照明。

## 二、监督管理

工作负责人为现场第一监护人，全程监督作业过程，发生异常情况，立即停止作业；涉及有限空间作业时，一级有限空间第二监护人由车间主任及以上人员（检修作业由检修车间主任担任，清理作业由生产车间主任担任），二级、三级有限空间作业第二监护人由班组具有工作负责人资格的员工担任；特殊、高危的有限空间作业由总工程师、生产副职或总经理担任。

## 三、作业技术措施

### （一）土方坍塌

1. 作业前

（1）开始挖土前，必须采取排除地面水及防止其侵入的措施。当基坑、井坑挖至地下水位以下的深度时，四周应做成适当纵坡的排水沟。

（2）挖掘石方前，应先清除斜坡上的浮石或大石头，以防坍塌。

2. 作业中

（1）开挖沟槽、基坑等，应根据土质和挖掘深度等条件放足边坡坡度，如场地不允许放坡开挖时，应设固壁支撑或支护结构体系。临时性挖方边坡值见表8-1。

表8-1　临时性挖方边坡值（GB 50202—2002）

| 序号 | 土的类别 | | 边坡值（高度∶宽度） |
|---|---|---|---|
| 1 | 砂土（不包括细砂、粉砂） | | 1∶1.25～1∶1.50 |
| 2 | 一般性黏土 | 硬 | 1∶0.75～1∶1.00 |
| | | 硬、塑 | 1∶1.00～1∶1.25 |
| | | 软 | 1∶1.50 或更缓 |
| 3 | 碎石类土 | 充填坚硬、硬塑黏性土 | 1∶0.50～1∶1.00 |
| | | 充填砂土 | 1∶1.00～1∶1.50 |

（2）开挖没有边坡的沟、井，必须根据挖掘的深度，先打桩后设支撑再开挖；装设支撑的深度，应根据土壤的性质和湿度决定。

（3）在基坑、井坑、地槽边缘堆置土方或其他材料时，其土方底角（或其他材料）与坑边距离应不少于0.8m，且堆置土方等物的高度不应超过1.5m。但当边坡为直坡或在自然坍落角（安息角）范围内的坡度时，则其与坑边的距离应根据计算确定。

（4）基坑必须设置人行通道（坡道）或铺设带防滑条的跳板。对于窄狭坑道应设置爬梯，梯阶距离不应大于40cm。人行通道的土堤应有稳定的边坡或加支撑，顶宽应大于70cm。坑内应设置便于施工人员疏散的爬梯。

（5）挖土顺序应符合施工方案的规定，并遵循由上而下逐层开挖的原则，禁止采用掏洞的操作方法。

（6）沟道、井坑、基坑工作，应在其周围设置围栏及警告标志，夜间设红灯示警。

（7）拆除支柱、木板的顺序应从下而上，随填土进程，填一层拆一层，不得一次拆到顶。一般的土壤，同一时间拆下的木板不应超过三块；松散和不稳定的土壤，一次不应超过一块。更换横支撑时，必须先装上新的，然后拆下旧的。

## （二）脚手架坍塌

脚手架坍塌的作业技术措施如下：

（1）搭设脚手架必须采用符合规定的钢管、扣件。钢管应使用焊接钢管或无缝钢管。禁止使用弯曲、压扁或者有裂缝的管子，严禁使用有硬伤（硬弯，砸扁等）及严重锈蚀的钢管，各个管子的接连部分应完整无损，以防倾倒或移动。

（2）钢管脚手杆的连接材料应为扣件。其材质应符合《钢管脚手架扣件》（GB 15831）的规定；采用其他材料制作的扣件，应经试验证明其质量符合本部分的规定后方可使用。

（3）脚手架基础必须平整坚实，有排水措施，满足架体支搭要求，确保不沉陷、不积水。

（4）脚手架应同建筑物连接牢固，立杆或支杆的底端应埋入地下，深度应视土壤性质决定；在埋入杆子的时候，应先将土夯实；如果是竹竿，必须在基坑内垫以砖石，以防下沉；遇松土或者无法挖坑的时候，必须绑设地杆。金属管脚手架的立杆，必须垂直地稳放在垫板上；在安置垫板前应将地面夯实、整平，立杆应套上柱座，柱座由支柱底板及焊接在底板上的管子制成。

（5）脚手架必须按层与结构进行拉接，拉接点的垂直距离不得超过4m，水平距离不得超过6m。拉接必须使用钢性材料。

（6）脚手架必须设置连续剪刀撑，保证整体结构不变形。剪刀撑宽度不得超过7根立杆，斜杆与水平面夹角为45°~60°。

（7）脚手架施工层下方净空距离超过3m时，必须在下方设一道水平安全网，双排架里口与结构外墙间无法防护时可铺脚手板。

（8）整个架体应用密目安全网沿外架内侧进行封闭，安全网之间必须连接牢固，封闭严密，并与架体固定。

（9）脚手架的荷载必须能足够承受站在上面的人员和物件等的重量，并留有一定裕量。

（10）拆除应按顺序自上而下逐层拆除，当拆某一部分时，应不使另一部分或其他的结构部分发生倾斜、倒塌等现象。当脚手架采取分段、分立面拆除时，对不拆除的脚手架两端，应先进行抛撑加固或横向斜撑加固。

### （三）堆置物坍塌

堆置物坍塌的作业技术措施如下：

（1）一般堆置物应堆放整齐，高度不超过 1.5m。

（2）严禁在建（构）筑物临边 1.5m 范围内堆码工件、物料等。

（3）材料堆码高度：木枋不超过 1.0m、模板码放不超过 1.0m、砖不超过 12 层成垛码放、钢筋半成品码放不超过 1.0m，必要时底部应用垫木支垫稳固。

（4）货架上摆放物料时，大或重的物料应摆放在下面，小或轻的物料摆放在上面。

（5）仓库内应设架子，使气瓶垂直立放，空气瓶可以平放堆叠，但每一层应垫有木制或金属制的型板，堆叠高度不超过 1.5m。

（6）滚动物件必须加设垫块或捆绑牢固。

（7）对零散物料应放入箱内摆放。

（8）对圆形物料（钢管、木棒等）应摆放在支架上面，且分类摆放。

（9）对较大的不规则物料应摆放在地面上，严禁摆放在货架上。

# 第三节　应急救援

应急救援包括：

（1）动土、脚手架搭拆作业前，技术管理人员应在危险辨识、风险评价的基础上，针对每次作业，制订有针对性的应急救援预案。

（2）明确救援人员及职责，落实救援设备和器材，明确紧急情况下作业人员的逃生、自救、互救方法和逃生路线。出入口内外不得有障碍物，确保畅通。

（3）发生坍塌事故时，应立即启动应急救援预案。救援人员应做好自身防护，配备必要的救援器材、器具；不具备救援条件，或不能保证施救人员的生命安全时，禁止盲目施救。

事故发生后应按照《内蒙古大唐国际再生资源开发有限公司事故调查管理办法》的规定进行汇报、上报。

# 第九章

# 带压堵漏人身事故防范措施

## 第一节　作业前准备

### 一、管理措施

#### （一）制度标准

掌握《高风险作业管理规定》《工作票、操作票管理规定》等制度。

#### （二）审核《三措两案》

1. 现场风险辨识

（1）工作负责人组织工作班成员到现场进行风险辨识。

（2）重点分析：泄漏部位、泄漏状态、设备及管道材质、泄漏扩大时会影响到的其他设备及系统等情况；管道内介质的物理、化学特性；机械设备风险；存在的环境危险特性和安全作业要求。

2. 编制、审批《三措两案》

《三措两案》由各分厂级技术管理人员编制，若使用外包队伍，《三措两案》由外包队伍制定并履行审批手续，经车间、分厂、生产管理部、安全环保部部门负责人审核，由生产副总或总工程师批准。

#### （三）办理许可证

《高风险作业安全许可证》由工作负责人填写并负责办理，经作业单位厂级领导、生产管理部、安全环保部主任（副主任）会审后，由生产副总或总工程师批准。

### （四）办理工作票

办理工作票包括：

（1）工作负责人填写工作票。

（2）外包工程实行双工作负责人制，由发包方工作负责人填写工作票的安全措施，承包方工作负责人填写《危险点分析与控制措施票》。

### （五）履行运行许可手续

运行许可手续的履行包括：

（1）工作负责人与工作许可人共同到现场确认安全措施。

（2）工作负责人与工作许可人共同确认安全措施无误后进行现场发票。

### （六）现场安全交底

工作负责人重点负责以下事项的交底：

（1）工作任务、（2）工作范围、（3）工作票安全措施、（4）作业存在的风险、（5）个人防护用品的使用方法、（6）应急救援措施与应急救援预案等。

## 二、作业环境

对于危险介质，作业人员在准备进行带压堵漏维修之前，应在进行现场勘测调查的过程中，彻底地了解现场工况；并根据实际泄漏介质的具体情况，制定切合实际的《三措两案》后，才能进入泄漏现场进行施工。

带压堵漏人员必须做好事故预想，熟悉逃生路线，检查作业现场通道无障碍物，保证逃生路线畅通，以便泄漏处突然增大或崩裂时能及时有效的逃离，避免事故的发生。

## 三、人员管理

### （一）工作许可人

工作许可人应做到：

（1）作业开始前，工作许可人会同工作负责人共同到现场对照工作票逐项检查，确认所列安全措施完善和正确执行。

（2）若无《高风险作业安全许可证》，工作许可人应拒绝办理工作票。当作业条件发生变化或安全措施不能满足作业安全要求时，工作许可人有权拒绝发出工作票或停止作业。

（3）工作许可人要定期到现场了解作业的进展情况。

### （二）工作负责人

工作负责人应做到：

（1）熟悉带压堵漏作业的措施和方案，以及整个作业过程中存在的危险因素，作业前组织工作班成员结合现场实际，开展"三讲一落实"活动。

（2）掌握作业过程中可能发生的条件变化，工作过程中对作业人员给予必要的安全和技术指导；当带压堵漏作业条件不符合安全要求时，立即终止作业。

（3）对未经允许试图进入或已经进入作业区域的人员进行劝阻或责令退出。

（4）工作负责人是现场作业的协调者、管理者和旁站监护人。在工作负责人暂时离开时（不得超过两个小时），应指定胜任工作的人员旁站监护，负责现场的安全管理工作。

### （三）工作监护人

工作监护人应做到：

（1）熟悉作业区域的环境和工艺情况，掌握带压堵漏作业的措施和方案，了解作业过程中可能面临的危害，掌握急救知识。

（2）作业前负责对安全措施的落实情况进行检查，发现安全措施不落实或不完善时，有权拒绝作业。当安全条件发生变化时，有权停止作业。

（3）与作业人员保持联系，并观察作业人员的状况。当发现泄漏明显增大、压力及温度参数发生重大变化或其他异常情况时，应及时制止作业，并帮助作业人员从危险区域逃生，同时呼叫救援，采取救护措施。

（4）作业期间不得离开现场或做与监护无关的事情。

## （四）作业人员

作业人员应做到：

（1）现场施工操作人员，应按照国家的相关规定，经相应维修培训、理论和实际操作考核合格并取得技术培训合格证书的人员，才能进行维修作业。焊工必须经过考试合格，并取得合格证书，且持证焊工必须在其考试合格项目及其被认可的范围内施焊。

（2）作业前应了解作业内容、地点和工作要求，熟知作业中的危害因素和应采取的安全措施。确认安全防护措施落实后，方可进入作业现场进行带压堵漏作业。

（3）严格按照《检修作业指导书》标准进行作业，不得擅自更改作业程序及私自修改规定的技术标准等。

（4）遵守《安全规程》各项要求，正确使用安全设施和佩戴劳动防护用品，如安全帽、工作服等，正确使用各类工器具。

（5）遇有违规强令作业、安全措施不落实、工作负责人不在场等情况有权停止或拒绝作业，并向上级报告。

（6）作业中如出现异常情况或感到身体不适时，应立即向工作负责人报告，并迅速撤离现场。

## （五）培训教育

培训教育内容包括：

（1）工作负责人组织作业人员学习《三措两案》。

（2）若外包的，必须对外包人员进行三级安全教育，具体内容如下：

安全环保部应对承包单位人员进行公司级安全培训教育和考试，并留存试卷。分厂、车间、班组分别对外包队伍人员进行相应的三级安全教育培训考试，考试成绩及试卷存档备案。

（3）高风险作业安全培训教育、交底由分厂技术管理人员、安全监督管理人员组织，对所有参与作业的人员、监护人员进行培训、交底，并签字。若使用外包队伍，应由责任分厂级技术管理人员、安全监督管理人员组织工作负责人和作业人员进行安全知识教育。考试成绩80分及格，并保留记录。

（4）培训内容必须结合《三措两案》、《安全规程》、《作业指导书》、作业环境内存在介质的物理、化学特性，存在的环境危险特性和安全作业要求；带压堵漏作业的程序和注意事项；危害因素的检测方法，检测仪器、个人防护用品的使用方法；应急救援措施与应急救援预案；防护、自救以及急救常识等。

### （六）现场监护

现场监护包括：

（1）工作负责人为第一监护人。

（2）监护人员应由责任心强、实践经验丰富、熟悉设备工作状况的人担任。

（3）带压堵漏作业应配有监护人员 1~2 人，人员应少而精。

### （七）作业人员防护

作业人员防护包括：

（1）配备符合国家标准的通风、检测、照明、通讯等设备和防护用品。防护用品应在检验期内，并检验合格。

（2）不同场所个体防护：

1）粉尘较大场所，佩戴防尘口罩。

2）有害气体场所，佩戴防毒面罩。

3）涉及高处作业时，需系好合格的安全带，安全带高挂低用。

（3）高温作业时，合理安排工作时间，配备防暑降温用品和饮用水；必要时采取强行机械通风的措施。

（4）作业人员感到身体不适，必须立即撤离现场。

## 四、设备管理

### （一）一般要求

一般要求包括：

（1）管道应在设计、制造、安装、调试、试运行、运行、停用、检修、改造等各个环节进行全过程的技术监督和技术管理。

（2）对管道的监察、检验、监督应严格执行以下规程：《电力工业锅炉压力容器监察规程》（DL 612—1996）；《电站锅炉压力容器检验规程》（DL 647—2004）；《火力发电厂金属技术监督规程》（DL 438—2000）。

（3）主蒸汽管道、主给水管道、高温和低温再热蒸汽管道的设计、制造、安装、调试、修理改造、检验和化学清洗单位按国家或部门的有关规定，实施资格许可制度。

（4）从事主蒸汽管道、主给水管道、高温和低温再热蒸汽管道的运行操作、检验、焊接、焊后热处理、无损检测的人员，应取得相应的资格证书。

## （二）技术档案

技术档案包括：

（1）建立完善的机炉外管道设备台账，建立健全机炉外管道的检验及更换记录簿，并根据管道的服役状况制定检验和更换计划。

（2）机炉外管道设备台账至少应包括：系统名称、安装部位、管道（及阀门）、规格及长度、弯头数量及位置、使用材质、焊口数量及位置。

（3）机炉外管道的检验及更换记录簿至少应包括：检验位置、检验方法、检验时间、检验结果、更换原因、更换时间。

（4）对于主蒸汽、再热蒸汽、给水、抽汽管道还应该建立支吊架检查与调整台账。

（5）在役主蒸汽管、再热蒸汽管和主给水管及其附件的技术状况应清楚明了。若无配制、安装等原始资料或对资料有怀疑时，应结合大修尽快普查，摸清情况。

（6）新建机组在移交生产时，应要求设计、安装单位按照《火力发电厂金属技术监督规程》提供技术资料；在役机组应结合机组的大小补全机炉外管道的相关图纸和信息。

## （三）运行管理

运行管理包括：

（1）加强运行中的巡视检查，发现有膨胀受阻、振动、支吊架卡死、变形、漏气（水）和保温脱落等现象，应及时处理。

（2）正常运行中应严格按照运行规程的要求对机炉外管道及相关系统进行操作和监视，重点关注机炉外管道的温度和压力变化，如有超温、超压现象应及时采取防范措施，并及时进行处理。

（3）在进行机组启、停和系统切换等操作时，应密切关注相关机炉外管道的温度和压力的变化，防止出现超温和超压。特别应注意高、低压管道之间，疏放水系统的操作。

（4）安装有一、二次门的疏放水系统，开启时，应先开一次门，后开二次门；关闭时，应先关二次门，后关一次门。

（5）不准在有压力的管道上进行任何检修工作。在特殊紧急情况下，需带压对管道进行焊接、捻缝、打卡子等工作时，必须采取安全可靠的措施，经厂主管生产的领导批准并取得值长同意后，正确使用防烫伤护具，由专业人员操作，在相关人员的指导和监护下，方可进行处理。在工作中应注意操作方法的正确性。

### （四）检查与检验

检查与检验包括：

（1）运行温度≥450℃或运行压力≥5.9MPa 的管道，应重点监督、检查管子的弯头和焊口部位。

（2）运行温度≥450℃的管道，按照管道的检修检验计划，由金属检验人员进行外观检查和蠕胀测量。测量工具应定期校验，并及时、正确地记录测量和计算结果。

（3）运行压力≥5.9MPa 的管道，按照管道的检修检验计划，由金属检验人员对管道进行壁厚测量。

（4）管道更新后或保温材料改变后整体重量相差10%以上时，应对管系的支吊架进行调整。

（5）对于定排、连排管道的弯头至少每3年进行一次壁厚检查。

（6）对于旁路管道的弯头至少每5年要进行一次壁厚检查。

（7）对于管道的支吊架，至少每3年进行一次检查和校核。

### （五）管道更换

管道更换包括：

（1）对于易被冲刷减薄的高、低加疏水管弯头及弯头后适当长度的直管段，宜选用不锈钢材料的管道。减薄量已超标的碳钢材料管道应更换为不锈钢材料的管道。

（2）对于有超温、超压记录的机炉外管道以及在检修检验中发现存在缺陷的机炉外管道，应制订计划，尽快安排检查诊断和缺陷的处理。在未进行检查诊断和缺陷处理之前仍在运行的机炉外管道，必须向上级主管部门报告，并根据实际情况做好切实可行的防范措施和应急预案，必要时可采取紧急停止主设备或相关系统运行的措施。

（3）对于转芯式调节阀需要重点检查阀体底部的冲刷情况，壁厚减薄超过阀体原壁厚的1/4时应更换阀体。对于闸板式调节阀，应对其出口管段的冲刷情况进行重点检查。

## （六）材质管理

材质管理包括：

（1）所有机炉外管安装（更换）时，应先由施工部门对材料的内外表面进行全面的检查，并检验材质。然后由金属专业人员进行光谱检验，防止错用钢材。对安装焊口应加强焊接过程的监督控制，在焊工自检合格的基础上，由金属专业人员进行检验。

（2）对于高、低压管道串联的中间管段应按照高压管道的参数选择管材，并在中间管段加装疏水阀门。

（3）压力管道使用的金属材料质量应符合标准，要有质量证明书。使用的进口材料除有质量证明书外，尚需有商检合格的文件。质量证明书中有缺项或数据不全的应补检。其检验方法、范围及数量应符合有关标准的要求。

（4）合金钢部件和管材在安装及修理改造使用时，组装前后都应进行光谱或其他方法的检验，核对钢种，防止错用。

（5）仓库、工地储存锅炉、压力容器及管道用的金属材料除要做好防腐工作外，还应建立严格的质量验收、保管和领用制度。经长期贮存后再使用时，应重新进行质量检验。

## （七）焊接

焊接工作包括：

（1）高温高压管道的焊接工作，应由经培训并取得与所焊项目相对应的考试合格的焊工担任，并在被焊件的焊缝附近打上焊工的代号钢印。

（2）焊接设备的仪表应定期进行校验，不合格不得继续使用。

（3）高温高压管道的焊接质量应按有关规定进行检验。无损检验报告由Ⅱ级或Ⅲ级无损检验员签发。焊接质量检验报告及检验记录应妥善保管（至少5年）或移交使用单位长期保存。

（4）高温高压管道的焊接应有焊接技术记录。焊接技术记录的内容应包括元件编号、规格、材质、位置、检验方法、抽检比例及数量、检验报告编号、返修部位、返修检验报告编号、焊后热处理记录和焊接作业指导书编号等。

（5）焊接材料（包括焊条、焊丝、钨棒、氩气、氧气、乙炔气、电石、焊剂等）的质量应符合国家标准、行业标准或有关专业标准。焊条、焊丝应有制造厂的质量合格证书，并经验收合格的方能使用。凡对质量有怀疑时，应按批号复验。

（6）焊接材料的选用应根据母材的化学成分和机械性能、焊接材料的工艺性能、焊接接头的设计要求和使用性能等进行统筹考虑。

（7）焊接高温高压管道的焊工，按《焊工技术考核规程》（SD263）和《锅炉压力容器焊工考试规则》进行考试并取得合格证后，方可担任相应的受压元件的焊接工作。

（8）从事受压元件焊接质量检验的无损检测人员，按《电力工业无损检测人员资格考核规则》和《锅炉压力容器无损检测人员资格考核规则》进行考试。经取得相应技术等级的资格证书后，方可进行该技术等级的检验工作。

（9）高温高压管道及其焊缝缺陷焊补应做到：

1）分析确认缺陷产生的原因，制定可行的焊接技术方案，避免同一部位多次焊补。

2）宜采用机械方法消除缺陷，并在焊补前用无损探伤手段确认缺陷已彻底消除。

3）焊补工作应由有经验的合格焊工担任。焊补前应按焊接工艺评定结果进行模拟练习。

4）缺陷焊补前后的检验报告、焊接工艺资料等应存档。

（10）高温高压管道不合格焊口的处理原则：

1）外观检查不合格的焊缝，不允许进行其他项目的检查，但可进行修补。

2）无损探伤检查不合格的焊缝，除对不合格的焊缝返修外，在同一批焊缝中应加倍抽查。若仍有不合格者，则该批焊缝以不合格论处，应在查明原因后返工。

3）焊接接头热处理后的硬度超过规定值时，应按班次加倍复查。当加倍复查仍有不合格者时，应进行100%的复查，并在查明原因后对不合格接头重新进行热处理。

4）割样检查若有不合格项目时，应做该项目的双倍复检。复检中有一项不合格则该批焊缝以不合格论处，应在查明原因后返工。

5）合金钢焊缝光谱复查发现错用焊条、焊丝时，应对当班焊接的焊缝进行100%复查。错用焊条、焊丝的焊缝应全部返工。

# 第二节　作业过程管控

## 一、人员管控

人员管控包括：

（1）对作业人员进行带压堵漏作业的安全教育培训，确保作业人员有能力进行工作现场的危险辨识、掌握各项安全防护措施、掌握应急处置知识及急救、自救常识。

（2）严格检查作业人员防护用品穿戴情况，不合格的立即进行整改。

（3）对未经允许试图进入或已经进入作业区域的人员进行劝阻或责令退出。

（4）停工期间，在作业区域的入口处设置危险警告牌或采取其他封闭措施，防止人员误入。

## 二、监督管理

工作负责人为现场第一监护人，全程监督作业过程，发生异常情况，立即停止作业。

## 三、作业技术措施

### （一）机械及电动机具使用控制措施

机械及电动机具使用控制措施如下：

（1）注入密封剂的压力不能超过最高注射压力，防止法兰螺栓拉断、管壁压瘪。

（2）带压堵漏的密封剂应安全无毒、无腐蚀，不会与泄漏介质起化学反应。

（3）科学地设计制造安全和适用的夹具。

（4）对部分不能进行带压堵漏的泄漏点做科学的分析，消除可能出现的不安全因素。

（5）开工前，对全体作业人员交代安全措施和注意事项，并做好危险点分析和控制措施的落实，所有作业人员学习后在工作票上签字。

（6）现场使用的电焊机、切割机等电气设备，做好外壳的接地，确保设备的安全运行和人身安全。

（7）严禁将电线直接钩挂在闸刀上或直接插入插座内使用。

（8）在光线不足及夜间工作的场所应有足够的照明，主要通道上应装设路灯。

（9）电动机具的操作开关应置于操作人员伸手可及的部位。当作业中突然停电时，应切断电源侧开关。

（10）电焊机一、二次线应排列整齐，固定可靠。一、二次线和接线端子应加防护罩。

（11）使用氧气、乙炔焰切割、焊接时，氧气、乙炔瓶间距必须在 8m 以上，皮带扎紧，装设回火防止器；应清楚周围易燃易爆物品，确实无法清除时，必须采取可靠的隔离或防护措施。

（12）电、火焊结束后，切断电源、关闭气源，防止火灾发生。

### （二）高处作业风险控制措施

高处作业风险控制措施如下：

（1）搭设脚手架必须检验合格，脚手架必须牢靠、稳定，作业时要设有专人监护。

（2）高空防护设施需拆除时，做好临时防护措施。

（3）作业人员高空作业必须系好安全带。

（4）工作人员随身使用工具包，拆下的零部件进行定量管理，防止高空落物。

### （三）脚手架使用风险控制措施

（1）未经验收的脚手架严禁使用。

（2）攀爬脚手架时，握好站稳，防止跌落。

（3）在脚手架上工作时，系好安全带，严禁上下抛掷工具或零部件。

### （四）禁止进行带压堵漏作业情况

以下情况禁止进行带压堵漏作业：

（1）未办理工作票。

（2）工作票与高风险作业安全许可证内容不一致。

（3）管道及设备器壁等主要受压元器件，因裂纹泄漏又没有防止裂纹扩大的措施时，不能进行带压堵漏。否则会因为堵漏掩盖了裂纹的继续扩大而发生严重的破坏性事故。

（4）透镜垫法兰泄漏时，不能用通常的在法兰间隙中设计夹具注入密封剂的办法消除泄漏。否则会使法兰的密封由线密封变成面密封，极大地增加了螺栓力，破坏了原来的密封结构。

（5）对于管道腐蚀、厚薄和面积大小不清楚的泄漏点，如果管壁很薄且面积较大时，设计的夹具不能有效覆盖减薄部位，轻者堵漏不容易成功，重者会使泄漏加重，甚至会出现断裂的事故（泄漏是极度剧毒介质时，不能带压堵漏。强氧化剂的泄漏，例如浓硝酸、温度很高的纯氧等，特别慎重考虑是否进行带压堵漏。因为它们与周围的化合物，包括某些密封剂会发生过剧的化学反应）。

# 第三节　应急救援

在作业工作中均应严格执行《电业安全工作规程》（热力机械部分）的规定。机械工作中操作人员必须熟悉加工设备的性能和正确的操作方法，严格执行安全操作规程。

## 一、高空坠落应急处置

如发生高处坠落的情况，可能导致人员摔伤、骨折等后果，现场处置措施如下：

（1）封锁保护现场，使伤员脱离危险区。

（2）进行简易包扎，如果有出血情况进行止血或造成骨折，进行简易的骨折固定。

（3）对呼吸、心跳停止的伤员予以心脏复苏。

（4）事故发生后应立即报告应急救援领导小组。应急救援领导小组在第一时间到达后立即组织应急救援队抢救现场伤员，清理事故现场，并做好警戒，禁止无关人员进入事故现场，以免造成二次伤害。

（5）应急救援队负责消除伤员口、鼻内血块、凝血块、呕吐物等，将昏迷伤员舌头拉出，以防窒息。

（6）组织人员尽快解除重物压迫，减少伤员挤压综合征发生，并将其转移至安全地方。

（7）尽快与公司医务室或 120 急救中心取得联系，详细说明事故地点、严重程度，并派人到路口接应，同时准备好车辆随时准备运送伤员到附近的医院救治。

（8）在没有人员受伤的情况下，现场负责人应根据实际情况研究补救措施，在确保人员生命安全的前提下，组织恢复正常施工秩序。

（9）技术负责人、现场安全员应对高空坠落事故进行原因分析，制定相应的纠正措施，认真填写伤亡事故报告表、事故调查等有关处理报告，并上报甲方和上级相关部门。

## 二、机械伤害的应急处置

使用电动角磨机，可能因操作不当，造成手部、脚部割伤；使用扳手或其他工具时，可能滑脱击伤手动；飞出的火星等可能防护不当伤及眼部。具体应急处置如下：

（1）发生断手（足）、断指（趾）的严重情况时，现场要对伤口包扎止血、止痛、进行半握拳状的功能固定。将断手（足）、断指（趾）用消毒和清洁的敷料包好，切忌将断指（趾）浸入酒精等消毒液中，以防细胞变质。然后将包好的断手（足）、断指（趾）放在无泄漏的塑料袋内，扎紧袋口，在塑料袋周围放些冰块，迅速将伤者送医院抢救。

（2）发生撕裂伤时，必须及时对伤者进行抢救，采取止痛及其他对症措施；用生理盐水冲洗有伤部位后用消毒大纱布块、消毒棉花紧紧包扎，压迫止血；同时拨打 120 或者送医院进行治疗。

（3）切割打磨管路时，戴好防护眼镜。

## 三、烫伤的应急处置

带压堵漏作业涉及管道蒸汽温度很高，如操作不当，可能造成人员严重烫伤，应急处置如下：

（1）当发生烧伤烫伤事件后，现场人员应及时使烧伤、烫伤人员脱离危险区域。

（2）汇报上级，同时拨打急救电话。

（3）若烫伤是由接触高温管路或蒸汽而引起的伤害，首先要用冷水冲走热的液体，并局部降温 10min，并用干净、潮湿的敷料覆盖。如果口腔烫伤，由于肿胀可能影响呼吸道，因此急救一定要快，使患者脱离热源，置于凉爽处，并保持稳定的侧卧位，等待救援。

（4）现场作业人员应配合医疗人员做好受伤人员的紧急救护工作，配合相关人员做好现场的保护、拍照、事故调查等善后工作。

事故发生后应按照《内蒙古大唐国际再生资源开发有限公司事故调查管理办法》的规定进行汇报、上报。

# 第十章

# 防误操作事故防范措施

## 第一节　作业前准备

### 一、管理措施

#### （一）制度标准

掌握《电业安全工作规程》、《工作票、操作票管理规定》等标准、制度。

#### （二）规范"两票"执行程序

规范"两票"执行程序内容如下：

（1）运行人员对所接收的工作票要认真审核，工作票所列的安全措施要能够满足工作任务的要求。

（2）工作票要有统一的编号。填写的工作内容字迹必须清晰工整，重要的开关、刀闸、设备编号不得涂改。

（3）运行人员用来填写的操作票要统一编号。填写操作票时应字迹工整，不得随意漏项或添项，填写操作票内容，顺序既要满足操作技术的原则要求，又要符合现场实际操作过程的需要。

（4）操作票应由操作人根据操作任务的要求、设备系统的运行方式和运行状态填写，每张操作票只能填写一个操作任务，如果一个任务的操作项目较多，一张操作票填写不完，应在第一张操作票最后一行填写"下接×××号操作票"的字样。

（5）操作人填写操作票时，必须做到"四个对照"，即：对照运行设备系统、对照运行方式和实际接线图、对照工作任务、对照固定操作票。同时注意无漏项、倒项，确保操作票正确无误。

（6）倒闸操作票应填写下列项目：检查开关和刀闸的位置；检查接地线是否拆除；装设接地线；应拉合的开关和刀闸；检查负荷分配；安装或拆除控制回路电压互感器回路的保险；切换保护回路和检验是否确无电压。

（7）操作人填写好操作票后，应同监护人在符合现场实际的模拟盘上进行模拟预演，并对操作票进行详细的核对。

（8）预演和核对后的操作票，再经监护人、发令人两级复审确认是否正确无误，重要的操作还需值长批准后才能执行。

（9）进行刀闸操作前要携带操作时必要的工具和安全用具；对所使用的钥匙必须认真核对，严防错带钥匙或错开锁子。

（10）操作前应由监护人负责和各有关岗位的联系工作，只有得到对方的明确答复"可以操作"之后，才能进行操作。

（11）操作人和监护人到达操作地点后，必须再次核对被操作设备的名称、编号和设备的实际运行状况，确认是否正确无误，确定是否具备操作条件。

（12）操作时必须按操作票的顺序进行操作，不准跳项、漏项、添项或倒项，也不得穿插口头命令。

（13）监护人检查操作人站立位置是否正确。使用安全用具符合要求后，由监护人高声"唱票"，操作人再次核对设备名称和编号，明确操作把手应操作的方向，核对无误后高声复诵，监护人确认无误后下达"对，执行"的命令，操作人根据命令进行操作。

（14）每操作完一项，操作人、监护人应认真检查，并在该项前做一个"√"的记号，以示该项操作完毕，全部操作完毕后进行复查。

（15）操作开始和结束都要记准时间，并对重要的操作项目也要记下时间。

（16）操作完毕后应由监护人向发令人汇报，并在值班日志中记录清楚，变更模拟板，使其符合倒闸操作后的运行方式。凡用操作票进行的操作，交接班时都要对操作票进行核对交接。

## （三）规范电气倒闸操作程序

规范电气倒闸操作程序内容如下：

（1）单电源线路停送电的操作顺序必须按照断开开关、负荷侧刀闸（保险）、母线侧刀闸（保险）的顺序依次操作，送电操作顺序与此相反。同时在刀闸操作前必须先检查开关确在断开位置，在合闸送电前必须检查刀闸在合闸位置，严防带负荷拉、合刀闸。

（2）双电源线路停送电操作顺序：

1）停电时，应先将线路两端的开关断开，然后依次拉开线路侧刀闸和母线侧刀闸，送电操作顺序与此相反。在操作刀闸前，必须先检查开关确在断位，在合闸送电前必须检查刀闸在合闸位置。

2）用开关进行系统并列操作前，应将同期检查装置投入；在系统同期的情况下，方可将开关投入，以防止非同期并列。

## （四）坚持"四不开工"

"四不开工"具体内容如下：

（1）工作地点或工作任务不明确不开工。

（2）安全措施的要求或布置不完善不开工。

（3）审批手续或联系工作不完善不开工。

（4）检修和运行人员没有共同赴现场检查或检查不合格不开工。

## （五）坚持"五不结束"

"五不结束"具体内容如下：

（1）检修人员未全部撤离工作现场不结束。

（2）设备变更和改进交代不清楚或记录不明不结束。

（3）安全措施未全部拆除不结束。

（4）有关测量试验工作未完成或测试不合格不结束。

（5）检修和运行人员没有共赴现场检查或检查不合格不结束。

## （六）其他管理要求

其他管理要求内容如下：

（1）操作中如果发现操作票与现场实际运行情况不符或操作项目、顺序发生疑问，以及操作过程中发现异常情况，应立即停止操作，并向发令人汇报，弄清情况后方可继续操作。

（2）监护人不可代替操作人操作，也不能帮助操作人操作，如操作人在操作中确有困难，则可事先带一名操作助手。

（3）操作人或监护人，其中一人不在操作地点，不准进行操作。

（4）拉、合开关时必须注意有关表计变化，并核对小车开关位置的指示与操作是否一致。

（5）防误闭锁装置一经投入，必须落实设备主人，做好维护检修工作，不得随意退出。

（6）加强对运行和检修人员的防误闭锁装置的培训，使其达到"四懂三会"。"四懂"即：懂装置的原则、性能、结构、操作程序；"三会"即：会操作、会安装、会维护。

## 二、作业环境

### （一）电气倒闸操作程序

**1. 单电源线路停送电操作顺序**

必须按照断开开关、负荷侧刀闸（保险）、母线侧刀闸（保险）的顺序依次操作，送电操作顺序相反。同时在刀闸操作前必须先检查开关确在断开位置，在合闸送电前必须检查刀闸在合闸位置，严防带负荷拉、合刀闸。

**2. 双电源线路停送电操作顺序**

（1）停电时，应先将线路两端的开关断开，然后依次拉开线路侧刀闸和母线侧刀闸，送电操作顺序与此相反。在操作刀闸前，必须先检查开关确在断开位置，在合闸送电前必须检查刀闸在合闸位置。

（2）用开关进行系统并列操作前，应将同期检查装置投入；在系统同期的情况下，方可将开关投入，以防止非同期并列。

**3. 整流机组停送电操作顺序**

（1）停电：断开主开关，断开控制直流开关，断开母线侧刀闸；断开负荷侧刀闸。

（2）送电：合上负荷侧刀闸、母线侧刀闸、控制直流电源、主开关。

（3）停、投 220kV 变压器操作前，必须合上该变压 220kV 的中性点刀闸。

### （二）操作注意事项

（1）倒闸操作必须在严格的监护下进行，倒闸操作应由两人进行，一人监护、一人操作。执行重要或大型倒闸操作时（如：220kV 设备），应由熟练的运行人员担任，并由主管以上人员担任第二监护人。

（2）绝缘电阻不合格的设备，未经领导批准，不得投入运行或列入备用。

（3）设备停、送电时，应先确认开关在断开状态，再断开、合上刀闸或拉出、推入小车开关。

（4）为了防止带负荷拉刀闸造成人身伤亡、设备损坏及大面积停电等重大事故，装有开关与刀闸闭锁装置的设备，正常操作时，不得随意解除闭锁进行操作；必要时（如事故处理和异常运行）须得到值长的许可方可进行。防误闭锁装置出现问题时应查明原因并及时消除。

（5）设备无论有无闭锁装置，在操作刀闸前，必须检查开关在断开位置，220kV 母联开关刀闸、开关合上后，其他刀闸方能合上。

（6）合、拉接地刀闸或拆、接临时接地线必须得到值长命令，合接地刀闸或接临时地线前应验电，验电无电后方可进行操作，验明无电后，要立即操作。拆装接地线的操作完成后，必须立即回检。

（7）应填入倒闸操作票的项目：

1）应拉合的断路器及隔离开关的名称、编号。

2）检查断路器及隔离开关的分、合实际位置。

3）控制回路、信号回路、电压互感器回路二次空开。

4）投入或退出保护（压板）或自动装置。

5）装设（拆除）接地线（合拉接地刀闸）、检查接地线（接地刀闸）是否拆除（拉开）、临时接地线编号。

## 三、人员管理

### （一）当值调度

当值调度内容如下：

（1）认真落实防止误操作调度的有关规定及办法。

（2）贯彻落实防止误操作的有关规定、制度及措施。

（3）对电气操作票的正确性负责，负责监督并指导电气运行人员的操作。

## （二）现场监护人

现场监护人应做到：

（1）对运行规程和标准操作票的正确执行负责，做好非正常运行方式及操作的危险点分析，加强人员技术培训和安全教育，严格管理，落实有关防止误操作的管理办法。

（2）配合完成防止误操作闭锁装置的定期检修、消缺，落实防止误操作的措施。

（3）落实《防止电力生产重大事故的二十五项重点要求》中有关防止误操作工作的规定。

（4）严格落实《工作票、操作票使用和管理标准》。

## （三）值班负责人

值班负责人应做到：

（1）负责防止误操作闭锁装置的管理、健全台账及日常维护、消缺等管理工作。

（2）积极贯彻落实有关防止误操作的规定、办法、措施，力争使防止误操作的闭锁装置投入率达到100%。

（3）向车间及时反馈信息，提供防止误操作闭锁装置的运行情况及缺陷处理情况。

（4）在现场操作中出现"微机五防闭锁装置"异常或障碍时，及时进行统计，杜绝擅自解除闭锁的现象。

## （四）操作监护人

操作监护人应做到：

（1）操作前应同操作人在符合现场实际的模拟盘上进行模拟预演，对操作票进行详细的核对。

（2）负责和各有关岗位联系，只有得到对方的明确答复"可以操作"之后，才能进行操作。

（3）到达现场后再次核对被操作设备的名称和编号以及设备的实际运行状态，确认是否无误、是否具备操作条件。

（4）监护人检查操作人的站立位置是否正确，使用的安全用具是否符合要求。

（5）操作完毕后向发令人汇报。

### （五）操作人员

操作人员应做到：

（1）同监护人在符合现场实际的模拟盘上进行模拟预演，对操作票进行详细的核对。

（2）进行操作前要携带操作时必要的工具和安全用具。

（3）到达现场后，同监护人共同核对待操作设备的名称和编号，确认设备的实际运行状态，确认是否无误、是否具备操作条件。

## 四、设备管理

### （一）正确使用设备

变电站和厂用电系统的"微机五防闭锁装置"必须按照规定程序使用。

### （二）防误操作装置的管理

防误操作装置的管理内容如下：

（1）要建立防止误操作装置技术资料、台账。

（2）制定防止误操作装置的设备管理制度和检修规程。

（3）指定防止误操作装置的管理专责人。

（4）对防止误操作闭锁装置要进行与对主设备同样的管理。

（5）建立设备台账，坚持定期检查。

（6）断路器或隔离开关的闭锁回路不能用重动继电器，应直接用断路器或隔离开关的辅助接点。

### （三）确保防止误操作装置齐全、有效

确保防止误操作装置齐全、有效的措施如下：

（1）所有高压设备要装有"微机五防闭锁装置"。

（2）"微机五防闭锁装置"必须安全可靠，必须正常投入运行，停用时要经过总工程师及以上领导批准，调度下令，并做好记录；如遇紧急或特殊情况，为了保证电网的安全，在值班人员确认操作正确的条件下，可由调度同意开封使用钥匙临时解除闭锁，但使用后必须由当值调度封存盖章放回原处并尽速向公司领导进行汇报，并在记录簿中详细记录解锁原因。

（3）管辖各级防止误操作装置的运行和维护人员，必须了解电气"五防"的内容，必须清楚所管辖范围的设备防止误操作装置的配置情况，做到"四懂三会"，即懂装置的原理、性能、结构和操作程序，会操作（运行人员）、会安装、会维护（检修、维护人员）。

（4）220kV变电站是全厂防止误操作装置管理的重点单位，对防止误操作装置的缺陷要与主设备缺陷进行同等管理。

（5）配电室、配电箱、配电柜的门及门锁应完好，窥视孔应清洁、透明、完好。

（6）断路器、隔离开关、接地刀闸位置、接地刀闸状态的机械和电气指示应准确、清晰。

（7）电气设备的检修作业指导书中，必须包括防止误操作装置的检查、检修和试验等内容，设置质检点。

### （四）解锁钥匙管理

解锁钥匙管理措施如下：

（1）应建立微机五防闭锁解锁钥匙管理制度。

（2）五防闭锁解锁钥匙由调度保管，现场封存，按值交接。使用时必须经调度同意，总工程师或主管生产领导批准，并做好记录；使用后，重新贴上封条，并在封条上注明年、月、日。

（3）在检修工作中，检修人员需要进行拉、合断路器、隔离开关试验，由工作许可人和工作负责人共同检查措施无误后，经调度同意，可由运行人员使用五防钥匙进行操作。

### （五）携带型短路接地线、接地刀闸的管理

携带型短路接地线、接地刀闸的管理措施如下：

（1）现场所有携带型短路接地线必须编号；按电压等级对号入座，存放在指定地点，按值移交。对接地线的使用情况至少每月进行一次检查，发现问题及时整改。

（2）建立临时接地线使用台账，装拆临时接地线（合上、断开接地刀闸）的时间、编号、位置和操作人必须记录清楚。值班日志要记录清楚数量和位置，交接班时要交接清楚。

（3）检修工作人员在现场自行安装的临时接地线，必须自行拆除，并做好记录。

（4）设备和系统的接地点必须有明显的标记，所有配电装置均应有接地网的接头。

（5）现场使用携带型短路接地线时，必须做到工作票、操作票、模拟图、接地装置登记本完全对应；不同工作内容的工作票使用同一组接地线时，必须在使用同一组接地线的工作票备注栏内同时注明，这些工作全部结束时方可拆除该组接地线。

（6）送电操作前，必须查清相关设备和系统的接地线及接地装置，确认无误后方可进行操作。

（7）接地刀闸进行检修时，必须另设携带型短路接地线。

（8）携带型短路接地线的导线、线卡、导线护套要符合标准，固定螺丝无松动，接地线标示牌、试验合格证清晰，无脱落。

### （六）安全工器具的管理

绝缘杆、绝缘隔板、绝缘手套、绝缘靴、验电器等安全工器具，要建立管理台账、定期试验。试验合格的要粘贴合格证，使用前要认真检查，确保工器具的完好。

# 第二节 作业过程管控

## 一、操作票的填写

操作票的填写内容如下：

（1）操作票必须按规定编号。

（2）操作票由操作人根据操作任务的顺序逐项审核并出票，必须使用统一的操作术语。

（3）所有电气设备的倒闸操作，必须使用电气操作票。严禁不使用电气操作票盲目操作。事故处理可不用操作票，但必须详细记入值班日志。

（4）操作票原则使用标准票，如某项工作需要操作票而无标准操作票时，可由主值班员填写，按相关程序审核、签字执行。凡属无标准的操作票工作都要在事后按照正常的标准票生成纳入标准票库进行管理。

## 二、操作票的审核

操作票的审核内容如下：

（1）操作票实行四审制，"四审"即：操作票填票人自审、操作监护人初审、班长复审和值长审核批准。

（2）操作票出票后，出票人应自己先审核，无误后签名，再交监护人初审。

（3）监护人应根据实际接线与当时的运行方式审核操作票的正确性，无误后签名。

（4）操作票由班长复审，班长审核无误后签名。

（5）操作票由值长审核无误后批准签字执行。

（6）操作票出票后，经初审、复审正确后，应在最后一项下一项空白处盖"以下空白"章表示以下无任何操作项目。为避免重复签名及重复填写时间等，可将操作开始时间写在首页，操作结束时间和填票人、监护人、复审人、批准人签名写在最后一页。

（7）操作票"四审"成员（值长、班长、监护人、操作人），应按《内蒙古大唐国际再生资源工作票、操作票管理办法》履行好自己的职责，对操作票的正确性负责。

（8）220kV电气倒闸操作，由主值班员填写操作票、对操作票进行自审，由班长对操作票进行复审，班长对操作票进行审核并监督操作过程，经值长批准下令后方可执行。

## 三、操作票的执行

操作票的执行内容如下：

（1）操作前应进行模拟预演。经"四审"批准生效的操作票，在正式操作前，应在模拟屏上按照操作的内容和顺序进行模拟预演，对操作票的正确性进行最后检查、把关。

（2）进行每一项操作，都必须遵循"唱票→对号→复诵→核对→操作"这五个程序进行。具体地说，就是每进行一项操作，监护人按照操作票的内容、顺序先"唱票"（即下操作令）；然后操作人按照操作令查对设备名称、编号及自己所站的位置无误后，复诵操作令；监护人听到复诵的操作令后，再次核对设备编号无误，最后下达"对，执行！"的命令，操作人方可进行操作。

（3）操作票必须按顺序执行，不得跳项和漏项，也不准擅自更改操作票的内容和操作顺序。每一项操作结束，由监护人打一个"√"，再进行下一项操作。严禁操作完一起打"√"或提前打"√"。

（4）操作过程中发生疑问或发现电气闭锁装置拒动时，应立即停止操作，报告值长或班长，查明原因后，再决定是否继续操作。

（5）完成全部操作项目后应全面复查被操作设备的状态、表计及信号等是否正常、有无漏项等。

（6）全部操作项目完成后，监护人在操作票内盖"已执行"章，并记录操作的终结时间。

（7）当操作时间跨越交接班时，操作结束后才能交接班。

## 四、技术措施

技术措施如下：

（1）220kV母线、线路和设备的送电，送电前必须对准备带电的设备系统进行全面的检查，与之电气连接的所有接地刀闸应在断开位置，拆除所有地线。检查开关、刀闸是否在断开位置，确认其是否具备带电条件。根据调度命令在准备向线路充电时，调度必须核实对地端无地线后方可合闸送电。扩建、改造设备一经操作即将其视为运行设备进行管理。

（2）220kV线路或母联断路器的合闸并列操作时，调度必须询问220kV线路是否同期，严防220kV非同期并列。

（3）对于6kV、10kV、35kV手车式断路器的停电操作，为了防止走错间隔和带负荷拉隔离开关，必须进行模拟图预演，核对设备名称、编号是否正确。

（4）对于6kV、10kV、35kV手车式断路器的送电操作，首先确认断路器分合闸指示灯和断路器机构均表明在"分闸"位，将手车式断路器推至试验位置，插好二次插头并确认，合上控制电源开关，方可将手车式断路器推至工作位置。防止带负荷合隔离开关。

（5）对于380V抽屉开关的停送电操作，首先核对设备名称、编号，在推进或拉出抽屉开关操作前，必须确认断路器在"分闸"位置。

（6）对于380V非抽屉式开关的停电操作时，在拉开隔离开关操作前必须用钳型电流表验明无电流。

（7）对于6kV、10kV、35kV、380V交流设备及220V直流设备的停送电操作，操作前应确认该设备是否具备停送电条件，防止带负荷合拉刀闸。

（8）对于10kV、35kV或380V电气设备检修后的送电操作，为了防止带地线合闸，在设备送电前应进行全面检查并测试绝缘是否合格。电机检修后的试转工作，应先押回电机检修工作票及相关系统的检修工作票，确认设备正常、无人工作后，方可进行送电操作。

（9）对于母线的检修工作，必须将母线电源断路器断开（小车式断路器在"检修"位）、隔离开关断开，可能来电的其他电源隔离，再进行验电、挂地线。

（10）对于变压器的检修工作，必须将两侧断路器断开（高压移动式断路器在"检修"位，低压移动式断路器在"检修"位），隔离开关断开，再在两侧进行验电、挂地线。

（11）电抗器、PT应视为电源，在其所在系统有检修工作时，必须将其断开。

（12）检修人员在进行设备检修或试验时不得自行操作电气设备，确因高压试验需要进行合拉接地刀闸时，必须由管辖该设备的运行人员进行操作，待试验完成后，必须恢复原有状态。

（13）检修维护人员在现场工作的过程中，凡遇到异常情况（如直流接地）或断路器跳闸时，无论是否与本工作有关，均应立即停止工作，保持现状并与运行人员联系，确认与本工作无关后方可继续工作。若所遇异常系本身所为，必须立即报告调度，以便有效处理，不得隐瞒不报或自行解决。

# 第三节 应急救援

## 一、误操作的应急处置

发生误操作事故的应急处置措施如下：

（1）未威胁人身安全或未发生设备损坏的前提下，立即汇报相关人员，并征求同意后，按照顺序逐步恢复运行。

（2）造成设备损坏，立即汇报相关人员，待上级沟通后，同意倒换系统运行方式或采取其他补救措施后，逐步恢复运行。

（3）造成人身伤害，在具备救援的条件下，应立即展开人身救援或不能保证施救人员的生命安全时不得盲目施救。汇报相关人员后逐步恢复运行。

## 二、触电的应急处置

工作人员可能触及电源箱或线路破损处产生触电，应急处置措施如下：

（1）有人触电时，抢救者首先要立即根据接线情况断开近处检修电源箱（拉闸、拔插头），如触电距离开关太远，用不导电物件切断电线断开电源，或用绝缘物如木棍等不导电材料拉开触电者或挑开电线，使之脱离电源，切忌直接用手或金属材料及潮湿物件直接去拉电线和触电的人，以防止解救的人再次触电。

（2）触电人脱离电源后，如触电人神志清醒，但有些心慌、四肢麻木、全身无力；或者触电人在触电过程中曾一度昏迷，但已清醒过来，应使触电人安静休息，不要走动，严密观察，必要时送医院诊治。

（3）触电人已失去知觉，但心脏还在跳动，还有呼吸，应使触电人在空气清新的地方舒适，安静地平躺，解开妨碍呼吸的衣扣、腰带，若天气寒冷要注意保持体温，并迅速请医生（或打120急救电话）到现场诊治。

（4）如果触电人已失去知觉，呼吸停止，但心脏还在跳动，尽快把他仰面放平进行人工呼吸。

（5）如果触电人呼吸和心脏跳动完全停止，应立即进行人工呼吸和心脏外按压急救。

事故发生后应按照《内蒙古大唐国际再生资源开发有限公司事故调查管理办法》的规定进行汇报、上报。

# 第十一章

# 火灾与爆炸事故防范措施

## 第一节  作业前准备

### 一、管理措施

#### （一）制度标准

掌握《消防安全管理规定》、《工作票、操作票管理办法》等制度。

#### （二）审核三措两案

1. 现场风险辨识

（1）工作负责人组织工作班成员到现场进行风险辨识。

（2）重点分析：动火作业场所及设备的易燃易爆有害物质；火星窜入其他设备或易燃物侵入动火设备的危险；作业过程中，易燃物外泄；高空动火作业的危险因素；有限空间动火作业过程中，存在介质的物理、化学特性，存在的环境危险特性和安全作业要求。

2. 编制、审批《三措两案》

若使用外包队伍，《三措两案》由外包队伍制定并履行审批手续，经车间、分厂、生产管理部、安全环保部部门负责人审核，由生产副总或总工程师批准。

#### （三）办理许可证

许可证办理包括：

（1）若在一级有限空间进行动火作业必须办理《有限空间作业安全措施票》。

由工作负责人负责办理，由工作票签发人、消防部门负责人、安全环保部的负责人审查后，由生产副职或总工程师批准，经调度许可。

（2）按照《大唐国际安全管理指导意见》规定，办理《有限空间作业安全措施票》；使用一级动火工作票，无需再办理《高风险作业安全许可证》。

### （四）办理工作票

办理工作票包括：

（1）在生产现场禁火区域内进行动火作业，在使用工作票的同时必须执行动火工作票。

（2）工作负责人需根据动火工作任务填写动火工作票。

1）一级动火工作票的签发、审批。

工作负责人填写检修应采取的安全措施，动火工作票签发人审核签发；由工作许可人填写运行应采取的安全措施，值长审核；由消防队监护人填写消防队应采取的安全措施，消防部门负责人审核；安监部门负责人审核安全措施；由副总工程师及以上的厂级领导批准。

2）二级动火工作票的签发、审批。

工作负责人填写检修应采取的安全措施，动火工作票签发人审核签发；由工作许可人填写运行应采取的安全措施；消防部门人员、安监部门人员审核动火工作是否安全、是否具有防火和灭火等安全措施；由值长批准。

（3）一级动火作业在煤气站区域内的制煤气设备、管道和附件以及使用煤气的设备（煤气用户设备）、煤气管道 10m 范围内的作业时间不得超过 8h。其他一级动火区域的不得超过 24h。必须在批准的有效期内进行动火工作，需延期时应重新办理动火工作票。

### （五）履行动火工作许可手续

工作负责人、工作许可人、消防监护人现场确认以下措施已落实，并在监护下做明火试验，方可进行动火作业。

（1）动火设备、区域是否与运行设备和易燃易爆物品可靠隔离。

（2）测定可燃气体或粉尘浓度是否合格。

（3）配备的消防设施和采取的消防措施是否符合要求。

### （六）现场安全交底

现场安全交底内容包括：

（1）由工作负责人负责交底。

（2）若使用外包队伍，则包括以下内容：

发包方工作负责人重点负责以下事项的交底：

1）准入区域。

2）工作范围。

3）周围环境存在的风险。

4）工作票安全措施。

5）应急措施、逃生路线及应急设施。

6）如在有限空间进行动火作业时，出入有限空间的程序和注意事项。

承包方工作负责人重点负责以下事项的交底：

1）工作任务。

2）作业风险。

3）动火作业过程中的安全、防火措施。

4）工作纪律。

5）个人防护用品的使用方法。

6）内外联络方式和通讯工具的使用方法。

7）应急救援措施与应急救援预案。

8）自救、急救常识。

## 二、作业环境

作业环境应注意：

（1）一级动火在首次动火前，工作负责人、工作许可人、审核人、安全监督人员必须到现场检查防火、灭火措施是否正确、完备，需要检测可燃性、易爆气体含量或粉尘浓度的检测值是否合格，并在监护下做明火试验，满足可动火条件方可动火。

（2）一级动火时，消防监护人、工作负责人、动火部门安监人员必须始终在现场监护。

（3）二级动火时，消防监护人、工作负责人必须始终在现场监护。

（4）在有限空间进行动火作业必须设第二监护人。由生产职能部门有关管理人员担任，特殊、高危的有限空间作业由总工程师、生产副职或总经理（厂长）担任。有限空间风险高的作业须增设监护人。

（5）凡在容器类、仓罐类内进行的动火作业，条件允许时有限空间内外均应设置监护人，外部监护人与容器内人员定时喊话联系。

（6）进行高风险的动火作业时，设备管理人员、安全监督人员必须全过程监督、检查，总工程师及以上厂级领导到现场检查、指导。

（7）动火间断、延期注意内容如下：

1）动火作业间断，动火执行人、监护人在离开前应清理现场，消除残留火种。

2）动火执行人、监护人同时离开作业现场，间断时间超过30min，继续动火作业前，动火执行人、监护人应重新确认安全条件。

3）一级动火作业，间断时间超过2小时，继续动火作业前，应重新测定可燃性、易爆气体含量或粉尘浓度，合格后方可重新动火。

4）二级动火作业在次日动火前必须重新测定可燃性、易爆气体含量或粉尘浓度，合格后方可重新动火。

5）动火工作需延期时，必须重新履行动火工作票手续。

## 三、作业人员管理

### （一）动火工作负责人

动火工作负责人应做到：

（1）全面准确填写工作票的安全措施，并现场核实执行情况。

（2）核实焊接与热切割作业动火执行人是否持《特种作业操作证》。

（3）准确布置动火工作，交代危险因素、防火和灭火措施。

（4）如属于有限空间作业或高风险作业还应熟悉《三措两案》。

（5）掌握作业过程中可能发生的条件变化，工作过程中对作业人员给予必要的安全和技术指导；当作业条件不符合安全要求时，立即终止作业。

（6）动火工作间断、终结时检查现场是否残留火种。

### （二）动火工作许可人

动火工作许可人应做到：

（1）核实动火票上动火工作时间和部位，审核安全措施。

（2）确认现场安全措施已经落实，向工作负责人进行安全交底。

（3）在原煤斗、煤粉仓、灰库等一级有限空间动火作业时，确认持有《有限空间作业安全措施票》后，方可办理动火许可手续。

（4）一级有限空间进行动火作业时，工作许可人要定期到现场了解现场的作业情况。

### （三）消防监护人

消防监护人应做到：

（1）在动火现场检查消防设施，配备消防器材。

（2）属于有限空间及高风险的动火作业时，还应熟悉应急救援预案，指挥处理异常情况。

（3）检查现场动火安全措施是否正确、完备。

（4）现场监督动火作业，发现违章立即制止，发现火情及时扑救。

（5）动火工作间断、终结时检查现场是否残留火种。

### （四）动火执行人

动火执行人应做到：

（1）严格执行动火工作票，全面了解动火作业的工作任务和要求，在规定的时间、范围内进行动火作业。

（2）熟知作业中的危害因素和应采取的安全措施，接受安全生产的知识培训。

（3）确认安全防护措施的落实情况，经动火监护人同意后，方可进行动火作业。

（4）正确使用安全设施和佩戴劳动防护用品。

（5）遇有违章指挥、不能保证动火安全、消防监护人不在现场等情况，有权停止或拒绝作业。

（6）人员撤离时清理现场残留的火种。

### （五）人员作业防护

人员作业防护包括：

（1）按照要求持证上岗。

（2）正确佩戴劳动防护用品。如电（气）焊作业人员必须穿好焊工工作服、焊工防护鞋，戴好工作帽、焊工手套。其中电焊须戴好焊工面罩，电焊工清理焊渣时必须戴上白光眼镜，气焊须戴好防护眼镜。

（3）电焊时焊工应避免与铁件接触，应站立在橡胶垫上或穿橡胶绝缘鞋，应穿干燥的工作服。

（4）焊工不准将正在燃烧的焊枪放下；如有必要时，应先将火焰熄灭。

（5）氩弧焊焊工应带防护眼镜、静电口罩或专用面罩，以防臭氧、氮氧化合物及金属烟尘吸入人体。

（6）氩弧焊焊接时应减少高频电流的作用时间，使高频电流仅在引弧瞬时接通，以防高频电流危害人体。

（7）氩弧焊所用的铈、钍、钨极应放在铅制盒内。氩弧焊时应尽量采用放射性元素少的铈钨电极，在磨钨极时应戴口罩和手套，磨完钨极后应洗脸和洗手。

## （六）监督管理

监督管理包括：

（1）属高风险、一级有限空间的动火作业，生产车间管理人员、检修车间管理人员、安全监督人员应按照到岗到位的标准进行全过程的监督、检查，分厂领导、生产管理部专工及领导、安全环保部专工及领导、生产副职或总工程师必须到现场检查、指导。

（2）各级监督检查人员应将检查情况在工作票上背书，注明姓名和时间。

## 四、设备管理

设备管理包括：

（1）动火作业前应清除动火现场的易燃易爆物品。

（2）高处动火应采取防止火花溅落的措施，并应在火花可能溅落的区域安排监护人。

（3）凡在存有或存放过易燃易爆物品的容器、设备、管道或场所进行动火作业时，在动火前应将其与生产系统进行可靠的隔离、封堵或拆除，与生产系统直接相连的阀门应上锁挂牌，并进行清洗、置换，经检测可燃气体含量或粉尘浓度合格后，方可进行动火作业。

（4）动火点与易燃易爆物容器、设备、管道等相连的，应与其进行可靠的隔离、封堵或拆除；压力容器或管道压力应放净，与动火直接相连的阀门应上锁挂牌，检测动火点可燃气体含量是否合格。

（5）在可能转动或来电的设备上进行动火作业，应事先做好停电、隔离等确保安全的措施。

（6）动火前可燃性、易爆气体含量或粉尘浓度检测的时间距动火作业开始时间不超过2h。可将检测可燃性、易爆气体或粉尘浓度含量的设备放置在动火作业现场进行实时监测。

（7）动火作业应配备足够、适用、有效的灭火器材。

（8）用于检测气体或粉尘浓度的检测仪应在校验有效期内，并在每次使用前与其他同类型检测仪进行比对检查，以确定处于完好状态。

（9）气体或粉尘浓度检测的部位应具有代表性。

# 第二节　作业过程管控

## 一、各部门采取的安全措施

### （一）运行采取的安全措施

运行采取的安全措施如下：

（1）隔断动火设备与运行设备（系统）所采取的安全措施。

（2）带压、高温、有毒有害、易燃易爆等介质管道、设备采取有效的隔断措施。关闭的阀门要上锁、挂牌。

（3）有毒有害、易燃易爆介质管道、设备要置换、通风。

（4）可燃介质、易燃易爆介质或粉尘要进行浓度检测。

### （二）检修采取的安全措施

检修采取的安全措施如下：

（1）对设备、系统应采取的封堵、拆除等措施。

（2）动火工作需要的工器具使用、放置措施。

（3）动火设备与易燃易爆物品的隔离措施。

（4）高处动火作业应采取防止火花溅落的措施，处于运行状态的生产区域或危险区域，拆除动火部件到安全地点动火的安全措施。

（5）根据现场可燃物配备正确灭火器材的措施。

（6）现场防火监护措施；工作完毕后，清理现场遗留火种的措施。

### （三）消防队应采取的安全措施

消防队应采取的安全措施如下：

（1）核实检修提出的防火和灭火措施是否正确和完善。

（2）指导检修人员防火和灭火的工作措施、现场防火监护措施。

（3）核实动火设备周边易燃易爆物品的隔离措施。

（4）确认现场是否具备动火作业条件。

（5）确认现场配备的消防设施或器材正确齐全。

## 二、危险环境安全措施

### （一）有限空间动火作业安全措施

有限空间动火作业安全措施如下：

（1）应将与作业所在有限空间连通的管道、设备等进行可靠隔离。对于煤气、蒸汽、腐蚀性料浆管道必须用盲板隔绝。

（2）必须对容器内的易燃介质进行吹扫、置换、清洗。

（3）必须做到"先通风、再检测、后作业"。

（4）氧浓度、易燃易爆物质（可燃性气体、爆炸性粉尘）浓度、有毒有害气体浓度等，检测应当符合相关国家标准或者行业标准的规定。氧气浓度保持在 19.5%~23.5%范围内。长时间作业时，应每隔 2h 检测一次有害气体含量，作业中断超过 30min 应重新检测。

（5）严禁使用通氧气的方法解决缺氧问题。

（6）检测仪器在使用前应校验合格。

（7）对长期不通风，且可能存在有机物的有限空间，必须检测硫化氢、一氧化碳、氧气等可燃气体的浓度。

（8）在有限空间内从事衬胶、涂漆、刷环氧树脂等具有挥发性溶剂工作时，必须进行强力通风。

### （二）高空焊接作业安全措施

高空焊接作业安全措施如下：

（1）清除焊接设备附近的易燃、可燃物品。

（2）将盛有水的金属容器放在焊接设备下方，收集掉落的金属熔渣。

（3）在下方裸露的电缆、充油设备、可燃气体管道可能发生泄漏的阀门、接口等处，用石棉布遮盖。

（4）下方搭设钢制脚手架。

（5）金属熔渣飞溅、掉落的区域内，不得放置氧气瓶、乙炔气瓶。

（6）焊接工作全程应设专职监护人，发现火情，立即灭火并停止工作。

### （三）重点区域动火安全措施

1. 煤气设备管道

（1）将动火管道与系统隔绝，关闭所有阀门并上锁。

（2）将动火侧管道拆开通大气，非动火侧的管道加堵板。

（3）用氮气或蒸汽吹扫干净，经检测数值合格。

2. 制粉区域

（1）动火作业前必须进行煤粉浓度检测，检测浓度小于 $30mg/m^3$ 后方可进行动火作业。

（2）磨煤机、煤粉仓等有限空间动火作业，氮气置换阀门必须加装盲板进行可靠隔绝。

（3）动火作业部位必须设置齐全的灭火设施，设置专人监护。

# 第三节  应急救援

应急救援内容包括：

（1）动火作业前，技术管理人员应在危险辨识、风险评价的基础上，针对每次作业，制订有针对性的应急救援预案。

（2）明确救援人员及职责，落实救援设备和器材，明确紧急情况下作业人员的逃生、自救、互救方法和逃生路线。

（3）动火作业发生事故时，应立即启动应急救援预案。救援人员应做好自身防护，配备必要的救援器材、器具，不具备救援条件或不能保证施救人员的生命安全时，禁止盲目施救。

事故发生后应按照《内蒙古大唐国际再生资源开发有限公司事故调查管理办法》的规定进行汇报、上报。

# 附 录

## 附录一 较大危险因素及防控措施

氧化铝分厂较大危险因素辨识与防范控制措施登记表

| 序号 | 场所/环节/部位 | 较大危险因素名称 | 易发生的事故类型 | 主要方法措施 | 主要依据 | 岗位负责人 |
|---|---|---|---|---|---|---|
| 辅助车间 | | | | | | |
| 1 | 煤气发生炉 | 安全装置缺失或失效 | 火灾、其他爆炸、中毒和窒息 | (1) 煤气发生炉炉顶若设探火孔,探火孔应有汽封。<br>(2) 煤气发生炉附近有人值守的岗位应设固定式一氧化碳监测报警装置,值守的房间应保证正压通风。<br>(3) 水套集汽包应设安全阀,自动水位控制器、进水管应设止回阀。<br>(4) 炉体进口空气管道上应设有阀门、止回阀和蒸汽吹扫装置。空气总管末端应设有泄爆装置和放散管,放散管应接至室外。 | 《发生炉煤气站设计规范》(GB 50195)《工业企业煤气安全规程》(GB 6222) | 煤气站司炉工、煤气站上料工、值班员、班长 |

续表

氧化铝分厂较大危险因素辨识与防范控制措施登记表

辅助车间

| 序号 | 场所/环节部位 | 较大危险因素名称 | 易发生的事故类型 | 主要方法措施 | 主要依据 | 岗位负责人 |
|---|---|---|---|---|---|---|
| 1 | 煤气发生炉 | 安全装置缺失或失效 | 火灾、其他爆炸、中毒和窒息 | （5）炉体空气鼓风机应有两路电源供电。两路电源供电若有困难，应采取防止停电的安全措施。<br>（6）从发生炉引出的煤气管道应有隔断装置。以烟煤气化的煤气发生炉与隔断装置或除尘器之间的接管，应有消除管内积尘的措施。新建、扩建煤气发生炉后的竖管、除尘器顶部或城煤气发生炉出口的竖管，应设煤气自动放散装置 | 《发生炉煤气站设计规范》（GB 50195）<br>《工业企业煤气安全规程》（GB 6222） | 煤气站司炉工、煤气站上料工、值班员、班长 |
| | | | | （1）检修炉、备应停电、上料斗。上料斗应挂牌、上锁。<br>（2）进行炉壁结疤清理时，应自自上而下进行。<br>（3）不停风清理炉或须两人同时进行。作业前应对作业现场进行一氧化碳气体、氧含量监测，符合安全标准方可进行作业。 | | | |
| 2 | 石灰窑 | （1）清理炉或处理结瘤 | 灼烫、高处坠落、中毒和窒息 | （4）石灰炉等应定期进行检查、下料漏斗、布料器等进行检查。下料出现卡堵、氧含量超扬、设备出现裂纹、破损、炉体焊缝开裂、明显变形、机械失灵、衬砖损坏等应报修或报废 | 《氧化铝安全生产规范》（GB 30186） | 石灰窑司炉工 |

续表

氧化铝分厂较大危险因素辨识与防范控制措施登记表

| 序号 | 场所/环节/部位 | 较大危险因素名称 | 易发生的事故类型 | 主要方法措施 | 主要依据 | 岗位负责人 |
|---|---|---|---|---|---|---|
| 辅助车间 | | | | | | |
| 2 | 石灰窑 | （2）清理洗涤塔、二氧化碳管道 | 中毒和窒息 | （1）清理洗涤塔、二氧化碳管道等应制定可靠措施及事故应急预案，由专人负责，隔绝窖气，二氧化碳管道设明显断开点。<br>（2）停风后，开压缩机抽气半小时，并对作业现场进行一氧化碳气体、氧含量监测，符合安全标准后方可工作。进入洗涤塔，二氧化碳平管，应两人以上在现场，有人监护，进入一次时间不超过10分钟 | 《氧化铝安全生产规范》（GB 30186） | 石灰窑司炉工、二氧化碳巡操工、班长、值班员 |
| 生料车间 | | | | | | |
| 1 | 磨机 | （1）磨机及附属设施零部件不齐全、有松动和缺陷 | 物体打击、机械伤害、高处坠落 | （1）磨机及附属设施应应定期检查，紧固可靠，无缺陷。<br>（2）磨机装球时应确认磨内无人，人员距料斗落点2米以外。紧固磨门或磨体螺栓，应使用专用紧固扳手、磨机上端作业时应采取防坠落措施 | 《氧化铝安全生产规范》（GB 30186） | 磨制巡操工、检修工 |
| | | （2）更换衬板作业 | 物体打击、机械伤害 | （1）磨内检修时磨外必须有人监护。衬板拆卸时要同时拆除相应的端部衬板，保证作业过程安全。 | 《氧化铝安全生产规范》（GB 30186） | 检修工 |

续表

氧化铝分厂较大危险因素辨识与防范控制措施登记表

| 序号 | 场所/环节/部位 | 较大危险因素名称 | 易发生的事故类型 | 主要方法措施 | 主要依据 | 岗位负责人 |
|---|---|---|---|---|---|---|
| 生料车间 | | | | | | |
| 1 | 磨机 | (2) 更换衬板作业 | 物体打击、机械伤害 | (2) 磨机底部必须进行有效的安全隔离，挂好警示牌，并采取壁垒措施；防止无关人员误入危险区域。<br>(3) 作业人员进入磨机后禁止开动"慢拖"，同时必须在"慢拖"开关上悬挂"禁止起动"的警告标志。如需开动"慢拖"，必须通知磨内人员全部撤出，并经过检查确认磨内、磨底无人后方可开动，此项工作要指定专人负责。<br>(4) 吊运衬板时、吊斗、吊钩下严禁站人。起重指挥作业必须由专业特证人员完成。<br>(5) 检修结束时应把拆下的衬板全部清出磨外 | 《氧化铝安全生产规范》（GB 30186） | 检修工 |
| 2 | 布袋收尘器 | 进入收尘器内检修或清理更换布袋 | 中毒和窒息 | (1) 应先停风机和反吹风机、后卸风管。<br>(2) 对收尘器内一氧化碳气体、氧含量进行监测，一氧化碳含量在30mg/m³以下，氧含量大于19.5%后方可清理或更换收尘布袋 | 《氧化铝安全生产规范》（GB 30186） | 检修工 |

续表

氧化铝分厂较大危险因素辨识与防范控制措施登记表

| 序号 | 场所/环节/部位 | 较大危险因素名称 | 易发生的事故类型 | 主要方法措施 | 主要依据 | 岗位负责人 |
|---|---|---|---|---|---|---|
| 烧成车间 | | | | | | |
| 1 | 回转窑 | (1) 窑体出现裂纹破损、焊缝开裂、明显弯曲变形、衬砖损坏 | 灼烫、机械伤害 | (1) 熟料窑应定期检查，窑体出现裂纹破损、焊缝开裂、明显弯曲变形、衬砖损坏等应检修处置。<br>(2) 停窑清理耐火砖及附着物应执行停电挂牌制度，单人不应入窑作业。<br>(3) 新换砖点火烘窑时，应打开窑尾立烟道门，防止煤粉在电收尘系统积存燃烧、爆炸。<br>(4) 熟料窑料泵必须设置压力检测、超压报警、自动停车等安全装置。 | 《氧化铝安全生产规范》（GB 30186） | 回转窑操作工、检修工工作 |
| | | (2) 点喷煤时窑头站人或通过 | 其他爆炸、中毒和窒息 | (1) 喷煤时窑头不应站人或通过，以防回火伤人。<br>(2) 窑内温度高或有明火，试送煤中系统设备应提前开启排风机转窑，以防止放炮。<br>(3) 排风机故障停止运转，应立即停止向窑内喷煤。 | 《氧化铝安全生产规范》（GB 30186） | 回转窑操作工 |
| 2 | 电收尘器 | 超载、超温运行 | 触电 | (1) 电收尘不应超载、超温运行。运行中不应转动升压开关空载运行，防止过电压伤人、损坏设备。 | 《氧化铝安全生产规范》（GB 30186） | 电除尘操作工 |

续表

氧化铝分厂较大危险因素辨识与防范控制措施登记表

| 序号 | 场所/环节/部位 | 较大危险因素名称 | 易发生的事故类型 | 主要方法措施 | 主要依据 | 岗位负责人 |
|---|---|---|---|---|---|---|
| 烧成车间 | | | | | | |
| 2 | 电收尘器 | 超载、超温运行 | 触电 | (2) 高压运行中，不应打开保护网门和整流室门。<br>(3) 高压静电收尘接触高压部分应先行放电 | 《氧化铝安全生产规范》（GB 30186） | 电除尘操作工 |
| 3 | 磨煤机 | (1) 磨机及附属设施零部件不齐全，有松动和缺陷 | 火灾、其他爆炸 | (1) 磨机及附属设施应定期检查，设备零部件应齐全，紧固可靠无缺陷，煤粉容器、管道应设卸压孔。<br>(2) 磨机检修时，防止自燃。磨机进料管、粗粉分离器、磨出口管道不应积存原煤和煤粉，制粉系统输煤管道停用时应吹扫除粉 | 《氧化铝安全生产规范》（GB 30186） | 煤粉制备操作工、检修工 |
| | | (2) 携带易燃品进入制粉岗位 | 火灾、其他爆炸 | (1) 不应携带汽油、煤油、酒精、橡胶水等易燃品进入和操作室。棉纱和带油污的杂物应放入指定的带盖容器内，防止混入生产流程。<br>(2) 不应穿化纤工作服进入制粉检修区域 | 《氧化铝安全生产规范》（GB 30186） | 煤粉制备操作工、检修工 |

氧化铝分厂较大危险因素辨识与防范控制措施登记表

| 序号 | 场所/环节/部位 | 较大危险因素名称 | 易发生的事故类型 | 主要方法措施 | 主要依据 | 岗位负责人 |
|---|---|---|---|---|---|---|
| **烧成车间** | | | | | | |
| 4 | 煤粉仓 | 煤粉仓内未设置二氧化碳灭火系统、充氮系统以及在线监控和报警系统 | 火灾、其他爆炸、中毒和窒息 | （1）在煤粉储仓等容器内设置二氧化碳灭火和充氮系统，并保证该系统处于随时可用状态。应设置在线监控装置、报警系统，并确保安全运行有效。（2）煤粉仓检修应将煤粉全部排空，自然通风2小时以上，监测仓内一氧化碳气体、氧含量在安全范围内，扎好安全绳，方可进入，并设专人以上同时入仓工作，并另设专人仓外监护 | 《氧化铝安全生产规范》（GB 30186） | 煤粉制备操作工 |
| **溶出车间** | | | | | | |
| 1 | 溶出器 | 溶出器堵塞 | 灼烫 | （1）高压管道法兰应设置防护罩。（2）溶出器及安全设施应定期检查。溶出管道外力击打、带压管道及高压冲击，应高压释压后清理。（3）溶出器停用、清扫管内余料应缓慢，应降低稀释槽液位、防止物料溢出伤人 | 《氧化铝安全生产规范》（GB 30186） | 一段溶出操作工 |
| 2 | 棒磨机 | （1）磨机及附属设施零部件不齐全、有松动和缺陷 | 物体打击、机械伤害、高处坠落 | （1）磨机及附属设施应定期检查，设备零部件应齐全、紧固可靠、无松动，有松动设备零部件应及时紧固，无缺陷 | 《氧化铝安全生产规范》（GB 30186） | 棒磨机操作工 |

续表

氧化铝分厂较大危险因素辨识与防范控制措施登记表

| 序号 | 场所/环节/部位 | 较大危险因素名称 | 易发生的事故类型 | 主要方法措施 | 主要依据 | 岗位负责人 |
|------|------|------|------|------|------|------|
| | 溶出车间 | | | | | |
| | | （1）磨机及附属设施零部件不齐全、有松动和缺陷 | 物体打击、机械伤害、高处坠落 | （2）磨机装料装球时应确认磨内无人，人员距离料斗落点2米以外。紧固磨门或磨体螺栓，应使用专用紧固扳手，磨机、磨体上端作业时应采取防坠落措施。 | 《氧化铝安全生产规范》（GB 30186） | 棒磨机操作工 |
| 2 | 棒磨机 | （2）更换衬板作业 | 物体打击、机械伤害 | （1）磨内检修时磨外必须有人监护。衬板拆卸时要同时拆除相应的端部衬板，保证作业过程安全。<br>（2）磨机底部必须进行有效的安全隔离，挂好警示牌，并采取封壁措施；防止无关人员误入危险区域。<br>（3）作业人员进入磨机后禁止开动磨机，同时必须在"慢拖"开关上悬挂"禁止起动"的警告标志。如需开动"慢拖"，必须通知磨内人员全部撤出，并经过检查确认磨内、磨底无人后方可开动，此项工作要指定专人负责。<br>（4）吊运衬板时，吊斗、吊钩下严禁站人。起重指挥作业必须由专业持证人员完成。<br>（5）检修结束时应把拆下的衬板全部清出磨外。 | 《氧化铝安全生产规范》（GB 30186） | 检修工 |

续表

**氧化铝分厂较大危险因素辨识与防范控制措施登记表**

| 序号 | 场所/环节/部位 | 较大危险因素名称 | 易发生的事故类型 | 主要方法措施 | 主要依据 | 岗位负责人 |
|---|---|---|---|---|---|---|
| 二段脱硅 | | | | | | |
| 1 | 叶滤机 | 机体出现焊缝开裂、腐蚀、凸凹变形 | 淹溺、中毒和窒息 | （1）脱硅机及附属设施应定期检查，检测，机体出现焊缝开裂、裂、腐蚀、凸凹变形，超过规定使用年限等，应报废或报修。（2）出现密封泄漏或管道破裂，应立即切断料源、气源等，待机内压力下降至零确认无泄漏后方可处理。（3）检修脱硅机应对机内进行断料加盲板，并停电挂牌、通风，待机内氧含量大于19.5%后，方可检修。 | 《氧化铝安全生产规范》（GB 30186） | 叶滤机操作工 |
| 洗涤车间 | | | | | | |
| 1 | 沉降槽 | 防坠落措施不全 | 淹溺、高处坠落 | （1）定期检查槽体基础沉降状况，有异常及时处理。（2）槽体出现焊缝开裂、腐蚀、破损，明显变形、机械失灵应报修或报废。（3）人员聚集场所（休息室、操作室等）不应设置在槽体下方及紧邻周边。（4）碳分槽、种分槽开启人孔，检查出料阀、拆卸三通，应确认槽内无料方可作业。 | 《氧化铝安全生产规范》（GB 30186） | 洗涤操作工、检修工 |

续表

氧化铝分厂较大危险因素辨识与防范控制措施登记表

| 序号 | 场所/环节/部位 | 较大危险因素名称 | 易发生的事故类型 | 主要方法措施 | 主要依据 | 岗位负责人 |
|---|---|---|---|---|---|---|
| 分解车间 | | | | | | |
| 1 | 分解槽、种分槽 | 防坠落措施不全 | 淹溺、高处坠落 | (1) 定期检查槽体基础沉降状况，有异常及时处理。(2) 槽体出现焊缝开裂、破损、明显变形、机械失灵应报废处理。(3) 人员聚集场所（休息室、操作室等）不应设置在槽体下方及紧邻槽边。(4) 碳分槽、种分槽开启人孔、检查出料阀、拆卸三通，应确认槽内无料方可作业 | 《氧化铝安全生产规范》（GB 30186） | 碳分操作工、种分操作工、检修工 |
| 蒸发车间 | | | | | | |
| 1 | 蒸发器 | 蒸发器酸洗后未经置换、通风，即开始动火作业 | 灼烫、火灾、其他爆炸和窒息中毒 | (1) 蒸发器及附属设施应定期检查、检测，机体出现焊缝开裂、腐蚀、变形、凸凹、超过规定使用年限等，应报修或报废。(2) 蒸发器酸洗后未经置换、通风，不应动火作业 | 《氧化铝安全生产规范》（GB 30186） | 蒸发操作工、检修工 |
| 2 | 硫酸槽 | 防腐损坏，硫酸泄漏 | 灼烫 | (1) 稀酸槽使用原则使用多少配置多少，使用后用清水冲洗，出现损坏情况立即组织修复，酸槽防腐情况，定期检修稀酸槽保持低液位，确保酸池内长期保持低液位。事故发生泄漏时满足事故液量储存 | 《氧化铝安全生产规范》（GB 30186） | 蒸发酸洗站操作工 |

续表

氧化铝分厂较大危险因素辨识与防范控制措施登记表

| 序号 | 场所/环节/部位 | 较大危险因素名称 | 易发生的事故类型 | 主要方法措施 | 主要依据 | 岗位负责人 |
|---|---|---|---|---|---|---|
| 电解大修渣处置车间 | | | | | | |
| 1 | 反应槽 | 未按规程操作，物料加装顺序错误或物料加装过量 | 爆炸 | (1) 反应仓顶部设施泄爆口，进粉料过程严禁人员靠近。(2) 现场设置硬隔离措施。(3) 反应槽进行可靠接地，防止静电造成爆炸事故。(4) 严格执行操作规程，严禁违章作业 | 操作规程 | 外委单位人员、堆场管理组人员 |
| 场外堆场 | | | | | | |
| 1 | 外物料堆场 | 违章卸料 | 垮塌、滑坡 | (1) 严格执行氧化铝分厂场外堆场管理制度，车辆卸料过程必须隔离物料，边缘不得小于5米。(2) 大雨、大雪天气停止物料拉运，雨雪天气过后落实防滑措施，可靠落实防滑清道路后方可恢复物料拉运 | 《氧化铝安全生产规范》（GB 30186） | 外委单位人员、堆场管理组人员 |
| 公共 | | | | | | |
| 1 | 煤粉制备等易燃易爆场所 | 粉尘爆炸场所未设置通风除尘系统、未选用防爆电器、未落实防雷防静电措施 | 火灾、其他爆炸 | (1) 按标准规范设计、安装、使用和维护通风除尘系统，每班按规定检测和规范清理粉尘，在除尘系统停运期间和粉尘超标时严禁作业 | 《严防企业粉尘爆炸五条规定》（国家安全生产监督管理总局令第68号） | 煤粉制备操作工、干煤棚上料工、检修工 |

续表

氧化铝分厂较大危险因素辨识与防范只防控措施登记表

| 序号 | 场所/环节部位 | 较大危险因素名称 | 易发生的事故类型 | 主要方法措施 | 主要依据 | 岗位负责人 |
|---|---|---|---|---|---|---|
| 公共 | | | | | | |
| 1 | 煤粉制备等易燃易爆场所 | 粉尘爆炸场所未设置通风除尘系统、未选用防爆电器、未落实防雷防静电措施 | 火灾、其他爆炸 | （2）按规范使用防爆电气设备，落实防雷、防静电等措施，保证设备接地，严禁作业场所存在各类明火和违规使用作业工具。（3）执行安全操作规程和劳动防护制度，确保员工培训合格，按规定佩戴使用防尘、防静电等劳保用品 | 《严防企业粉尘爆炸五条规定》（国家安全生产监督管理总局令第68号） | 煤粉制备操作工、干燥上料工、检修工 |
| 2 | 厂房、烟囱等高大建构筑物 | 厂房、烟囱等高大建构筑物未进行防腐处理 | 坍塌 | 接触酸、碱等腐蚀类物质的建构筑物应进行防腐处理 | 《有色金属工业厂房结构设计规范》（GB 51055） | 各车间主任 |
| 3 | | 槽、罐地基下沉 | 坍塌、其他伤害 | （1）厂址应有良好工程和水文地质条件，应避开断层、淤泥层、地下河道、岩溶、膨胀土地区等不良地质地段及地下水位高且有侵蚀性的地区。（2）施工隐蔽工程应由建设、监理和施工单位三方共同审查并进行隐蔽。（3）建设工程项目竣工后，应按规定对安全设施和安全条件验收合格后，方可投入正常运行。（4）出现不均匀沉降状况，应立即排料停用隔离并组织处理 | 《建筑地基基础设计规范》（GB 50007） 《有色金属工业厂房结构设计规范》（GB 51055） | 各车间主任 |

氧化铝分厂较大危险因素辨识与防范控措施登记表

| 序号 | 场所/环节/部位 | 较大危险因素名称 | 易发生的事故类型 | 主要方法措施 | 主要依据 | 岗位负责人 |
|---|---|---|---|---|---|---|
| | 特种设备 | | | | | |
| 1 | 特种设备 | 设备及其安全装置未按规定开展定期检验、检测、维修、保养及大修 | 火灾、起重伤害、高处坠落、物体打击、容器爆炸 | (1) 特种设备由符合国家相应资质要求的专业单位设计、生产、安装、维修，经具有相应资质的检验检测机构检验合格，并取得安全使用证或标志方可使用。<br>(2) 特种设备的安全附件、安全保护装置、测量调控装置及有关附属仪器仪表进行定期校验、检修，并作出记录。未经定期检验或者检验检测不合格的特种设备，不得继续使用。<br>(3) 特种设备使用单位对在用设备进行自行检查，日常维护保养时发现的异常情况，应当及时处理。 | 《中华人民共和国特种设备法》（主席令第4号）《特种设备安全监察条例》（国务院令第549号） | 各车间主任 |
| 2 | 起重机械 | 起重机械功能缺失或失效 | 触电、起重伤害、高空坠落 | (1) 严格执行起重机械、吊具检修、维护、日常检查管理制度。专检、点检、巡检、周检、月检，吊具必须在其安全系数允许范围内使用。<br>(2) 吊具的标识，严禁超负荷运行。吊车定荷重必须从能从地面辨别额滑线必须安装通电指示灯或采用其他标志 | 《起重机械安全规程》（GB 6067） | 各车间岗位操作工 |

续表

氧化铝分厂较大危险因素辨识与防范控制措施登记表

| 序号 | 场所/环节/部位 | 较大危险因素名称 | 易发生的事故类型 | 主要方法措施 | 主要依据 | 岗位负责人 |
|---|---|---|---|---|---|---|
| | 特种设备 | | | | | |
| | | (1) 起重机械功能缺失或失效 | 触电、起重伤害、高空坠落 | 识带电的措施。滑线必须布置在吊车司机室的另一侧；若布置在同一侧，必须采取安全防护措施。<br>(3) 吊车必须设有下列安全装置：①工作车之间防碰撞装置；②大、小行车端头缓冲和防撞装置；③过载保护装置；④主、副卷扬限位、报警装置；⑤登吊车信号装置及门联锁装置；⑥露天作业的吊车信号装置应设置防风装置；⑦端梁内侧应设置安全防护设施 | 《起重机械安全规程》（GB 6067） | 各车间岗位操作工 |
| 2 | 起重机械 | (2) 违规起重作业 | 火灾、灼烫、起重伤害 | (1) 起重作业应按规定路线进行。<br>(2) 起重机启动和移动时应发出声响与灯光信号（操作室、易燃易爆气体管道及设施）上方越过，吊运时，吊车司机必须鸣笛，严禁同时操作大、小车；不应用吊物撞击其他物体或设备，吊物上不应有人。<br>(3) 起重作业人员和起重机司机所使用基本信号应遵循国家标准对现场指挥人员有关安全技术规定。起重指挥信号应易于被起重机司机所识别 | 《起重机械安全规程》（GB 6067）《起重吊运指挥信号》（GB 5082） | 各车间岗位操作工、检修工 |

氧化铝分厂较大危险因素辨识与防范控制措施登记表

| 序号 | 场所/环节/部位 | 较大危险因素名称 | 易发生的事故类型 | 主要方法措施 | 主要依据 | 岗位负责人 |
|---|---|---|---|---|---|---|
| 特种设备 | | | | | | |
| 3 | 压力容器、管道 | 超压使用、安全装置缺失或失效 | 火灾、物体打击、容器爆炸 | (1) 容器、管道的设计压力应当不小于在操作中可能遇到的最苛刻工况组合工况的压力。容器、管道不应超压运行。<br>(2) 应按规定设置安全阀、爆破片、压力表、液面计、测温仪表，安全联锁等装置。<br>(3) 应按规定设置安全阀、爆破片、阻火器、紧急切断装置等安全装置。<br>(4) 容器、管道使用单位应在各工艺操作规程和岗位操作规程中，明确提出容器、管道的安全操作要求 | 《压力容器使用管理规则》(TSGR5002)<br>《压力管道安全技术监察规程——工业管道》(TSGD0001) | 预脱硅、一二段脱硅、蒸发、生料操作工、检修工 |
| 消防 | | | | | | |
| 1 | 易发生火灾的建(构)筑物 | (1) 未设置自动火灾报警装置，未设消防水系统与消防通道 | 火灾 | 主控室、电气间、电缆隧道、可燃介质较大的液氨压缩站等易发生火灾建构筑物，应设自动火灾报警装置，应设置消防水系统与消防通道，并设置警示标志 | 《建筑设计防火规范》(GB 50016) | 煤气站司炉工、煤气站上料工、煤粉制备巡操工 |

氧化铝分厂较大危险因素辨识与防范整控制措施登记表

| 序号 | 场所/环节/部位 | 较大危险因素名称 | 易发生的事故类型 | 主要方法措施 | 主要依据 | 岗位负责人 |
|---|---|---|---|---|---|---|
| 消防 | | | | | | |
| 1 | 易发生火灾的建(构)筑物 | (2) 车间主控楼(室)等重要害部位的疏散出口未按要求设置2个安全出口 | 火灾、其他伤害 | 车间主控楼(室)、主电室、配电室、电气室、电缆夹层、地下油库、地下液压站等重要部位的疏散出口必须按规定设置2个安全出口;主控楼(室)、主电室、配电室等、电气室面积小于60m²时;建筑面积不超过250m²的地下电气室、电气室面积不超过100m²的地下电气室、油库、地下液压站、地下润滑站(库)、地下液压站且无人值守的,可设一个,其门必须向外开 | 《建筑设计防火规范》(GB 50016) | 各车间值班员 |
| 电气 | | | | | | |
| 1 | 电气设备 | 易燃易爆场所未设置防爆电器或防爆电器等级不够 | 触电、火灾、其他爆炸 | (1) 防爆场所应配防爆电器。应根据爆炸性危险区域的等级、组别,正确选择相应类混合物的级别、组别和组别的级别型防爆电气设备,并应安装漏电保护装置,敷设的配电线路必须穿金属管保护。(2) 每层厂房应设独立电源箱,使用断路保护器。 | 《爆炸危险环境电力装置设计规范》(GB 50058) | 煤气站司炉工、干煤棚上料工、煤粉制备巡操工 |

续表

氧化铝分厂较大危险因素辨识与防范控制措施登记表

| 序号 | 场所/环节/部位 | 较大危险因素名称 | 易发生的事故类型 | 主要方法措施 | 主要依据 | 岗位负责人 |
|------|------|------|------|------|------|------|
| 危险作业 | | | | | | |
| 1 | 槽、罐、炉、窑类及设备及附属设施 | 设备及附属设施未定期检查，出现焊缝开裂，腐蚀、破损、明显变形、机械失灵 | 物体打击、中毒和窒息 | （1）槽、罐、炉、窑等设备及附属设施应定期检查，出现焊缝开裂，腐蚀、破损、明显变形、机械失灵应报废。<br>（2）槽、罐、炉、窑等设备顶部应有专用检修通道，顶部观察孔应有防护隔栅 | 《氧化铝企业安全生产标准化评定标准》 | 检修工 |
| 2 | 煤气等有害气体危险区域 | 进入危险区域未佩戴个人防护用具 | 中毒和窒息 | （1）进入有毒有害气体容易聚集场所应监测合格后，携带便携式毒害气体泄漏监测仪，佩戴防毒面具。含尘岗位应佩戴口罩或携带防毒面具。到煤气区域作业的人员，应配备便携式一氧化碳报警仪。一氧化碳作业应定期校核。<br>（2）煤气作业工作所必须有必要的联系信号，煤气压力表及风向向标志等 | 《工业企业煤气安全规程》（GB 6222） | 煤气站司炉工、检修工 |
| 3 | 有限空间作业 | （1）进入有限空间未执行"先检测、后通风，再作业"规定 | 中毒和窒息 | （1）作业人员必须经过安全教育培训，了解有限空间存在的风险。应指派专人全程监护，设置明显的安全警示标志和有限空间管理牌降。 | 《缺氧危险作业安全规程》（GB 8958）<br>《工贸企业有限空间作业安全管理与监督暂行规定》（国家安全生产监督管理总局令第59号） | 检修工 |

续表

氧化铝分厂较大危险因素辨识与防范控制措施登记表

| 序号 | 场所/环节部位 | 较大危险因素名称 | 易发生的事故类型 | 主要方法措施 | 主要依据 | 岗位负责人 |
|---|---|---|---|---|---|---|
| 危险作业 | | | | | | |
| 3 | 有限空间作业 | （1）进入有限空间未执行"先通风、后检测、再作业"规定 | 中毒和窒息 | （2）进入有限空间必须坚持"先通风、后检测、再作业"的原则，经过合格水量和有毒有害气体含量检测至合格水平，作业人员方能进入。（3）保持有限空间出入口畅通和强制通风。作业前、后，必须清点作业人员。进入有限空间应携带煤气报警仪和氧气探测仪。（4）严禁盲目施救 | 《缺氧危险作业安全规程》（GB 8958）《工贸企业有限空间作业安全管理与监督暂行规定》（国家安全生产监督管理总局令第59号） | 检修工 |
| | | （2）进入有限空间检修前，未进行毒害介质有效隔离，未实行停电、挂牌 | 触电、中毒和窒息、其他爆炸 | 进入有限空间检修前，必须确认切断煤气来源，必须用蒸气、氮气吹扫和置换煤气管道、设备及设施内的煤气，不允许用空气直接置换煤气，煤气置换完后用空气置换氮气和烟气，然后进行含氧量检测，含氧量合格，确认安全措施后方可进入 | 《工贸企业有限空间作业安全管理与监督暂行规定》（国家安全生产监督管理总局令第59号） | 检修工、清理人员 |
| 4 | 动火作业 | 防范措施落实不到位 | 火灾、其他爆炸 | （1）防火区内施工应办理动火审批手续。（2）不应携带烟火种进入防火区域。 | 《生产区域动火作业安全规范》（HG30010） | 检修工 |

续表

氧化铝分厂较大危险因素辨识与防范控制措施登记表

| 序号 | 场所/环节/部位 | 较大危险因素名称 | 易发生的事故类型 | 主要方法措施 | 主要依据 | 岗位负责人 |
|---|---|---|---|---|---|---|
| 危险作业 | | | | | | |
| 4 | 动火作业 | 防范措施落实不到位 | 火灾、爆炸、其他 | （3）重点防火岗位检修维护设备应使用防爆工具。<br>（4）作业现场应配备适宜数量的灭火设施 | 《生产区域动火作业安全规范》(HG30010) | 检修工 |
| 检维修和清理作业 | | | | | | |
| 1 | 检维修作业 | （1）检维修施工方案、停机未执行操作牌、停电牌制度 | 触电、高处坠落、车辆伤害 | （1）设备检维修和清理工作应制定安全施工方案，进行安全交底，严格执行工作票制、安全确认制度、挂牌制、监护制、锁具制，做好现场的安全措施和现场的安全交底。<br>（2）检修之前应有专人对电、汽、氧气、氮气等要害部位及安全设施进行确认，预先切断与设备相连的所有电路、风路、蒸汽管道、煤气管道、氮气管道、氧气管道、煤气管道及液体管道，喷吹煤粉检修，动火审批手续，并办理有关检修、动火审批手续。<br>（3）使用行灯电压不应大于36V，进入潮湿密闭容器内作业不应大于12V， | 《化学品生产单位设备检修作业安全规范》(AQ 3026) | 检修工 |

续表

氧化铝分厂较大危险因素辨识与防范控制措施登记表

检维修和清理作业

| 序号 | 场所/环节/部位 | 较大危险因素名称 | 易发生的事故类型 | 主要方法措施 | 主要依据 | 岗位负责人 |
|---|---|---|---|---|---|---|
| 1 | 检维修作业 | (2) 检修过程未落实检维修作业方案 | 火灾、高处坠落、机械伤害 | (1) 进入槽、罐、炉、窑、釜、塔内清理检修，应采取充分的通风换气措施，测定槽罐内氧含量高于19.5%，在人孔处有专人监护。<br>(2) 检修中应按检修方案拆除安全装置，并有安全防护措施。安全防护装置的变更，应经安全部门同意，并应作好记录归档。<br>(3) 高处作业应佩戴安全带，设安全通道、梯子、支架、吊台或吊盘，不应高处抛物。氧气管道作业的支架，高处检修机及电气线路，乘人升降机，不应使用起重卷扬机类设备带人作业。 | 《化学品生产单位设备检修作业安全规范》(AQ 3026)<br>《缺氧危险作业安全规程》(GB 8958) | 检修工 |
|  |  | (3) 检修结束未按程序进行试车、安全装置未及时恢复 | 火灾、机械伤害、其他爆炸 | (1) 设备检修完毕，应先做单项试车，然后联动试车。试车时，操作工应到场，各阀门应调好行程极限，做好标记。 | 《化学品生产单位设备检修作业安全规范》(AQ 3026) | 检修工 |

续表

氧化铝分厂较大危险因素辨识与防范控制措施登记表

| 序号 | 场所/环节/部位 | 较大危险因素名称 | 易发生的事故类型 | 主要方法措施 | 主要依据 | 岗位责任人 |
|------|------|------|------|------|------|------|
| 检维修和清理作业 | | | | | | |
| 1 | 检维修作业 | （3）检修结束未按程序进行试车，安全装置未及时恢复 | 火灾、机械伤害、其他爆炸 | （2）设备试车，应按规定程序进行。施工单位交出操作牌，由操作人员送电操作，专人指挥，共同试车。非试车人员，不应进入试车规定的现场。<br>（3）检修完毕，安全装置应及时恢复 | 《化学品生产单位设备检修作业安全规范》（AQ 3026） | 检修工 |
| 2 | 槽罐清理 | 槽罐清理操作不当 | 物体打击、高空坠落、中毒和窒息 | （1）进入前应对有有害气体浓度进行监测，一氧化碳气体含量在30mg/m³以下，氧含量高于195%方可进入，进入一次的时间应小于20min。<br>（2）进入前应先观察有无松脱的结疤，耐火砖等。<br>（3）在槽内进行清理槽壁结疤时，应自上而下进行。<br>（4）在各类槽、罐、窑体上等高处作业时应采取防坠落措施，在活动爬梯上应设专人扶梯保护 | 《氧化铝安全生产规范》（GB 30186）<br>《氧化铝企业安全生产标准准化评定标准》 | 清理人员 |
| 3 | 皮带运输机 | 皮带运输机事故开关、紧急急拉绳等安全装置缺失、损坏或失效 | 火灾、机械伤害 | （1）带式输送机应有防打清、防跑偏的事故开关和事故警铃的措施以及能随时停机的事故自动停车的装置；头部应设置设置；首轮上设置，尾轮及拉紧装置应有防护装置，在拉紧及输送系统应设除铁器和杂物箱。<br>物料阻塞能自动停车的装置。煤粉输送系统应设除铁器和杂物筛。 | 《带式输送机安全规范》（GB 14784） | 各车间皮带送工 |

续表

**氧化铝分厂较大危险因素辨识与防范控制措施登记表**

| 序号 | 场所/环节/部位 | 较大危险因素名称 | 易发生的事故类型 | 主要方法措施 | 主要依据 | 岗位负责人 |
|---|---|---|---|---|---|---|
| | 检维修和清理作业 | | | | | |
| 3 | 皮带运输机 | 皮带运输机事故开关、紧急拉绳等安全装置缺失、损坏或失效 | 火灾、机械伤害 | (2) 带式输送机运转期间，不应进行清扫和维修作业，也不应从胶带下方通过或乘坐、跨越胶带 | 《带式输送机安全规范》（GB 14784） | 各车间皮带运送工 |

**电解分厂较大危险因素辨识与防范控制措施登记表**

| 序号 | 场所/环节/部位 | 较大危险因素名称 | 易发生的事故类型 | 主要方法措施 | 主要依据 | 岗位负责人 |
|---|---|---|---|---|---|---|
| 一、检修维护和清理作业 | | | | | | |
| 1 | 检修维护作业 | (1) 检修维护无安全施工方案、停机未执行操作牌、停电停供制度 | 高处坠落、车辆伤害 | (1) 设备检修维护和清理工作应制定安全施工方案，进行安全交底，严格执行工作票制、安全确认制度、挂牌制、监护制、锁具制，做好现场的安全措施和现场的安全交底。<br>(2) 检修之前应有专人对电、煤气、蒸汽、氧气、氮气等重要部位及安全设施进行确认，预先切断与设备相连的所有电路、风路、煤气管道、煤气管道、氮气管道、蒸汽管道、喷吹煤粉管道及液体管道，并办理有关检修、动火审批手续 | 《化学品生产单位设备检修作业安全规范》（AQ 3026） | 检修岗位 |

续表

电解分厂较大危险因素辨识与防范控制措施登记表

一、检修维护和清理作业

| 序号 | 场所/环节/部位 | 较大危险因素名称 | 易发生的事故类型 | 主要方法措施 | 主要依据 | 岗位负责人 |
|---|---|---|---|---|---|---|
| 1 | 检修维护作业 | (2) 检修过程未落实检修作业方案 | 火灾 高处坠落 机械伤害 | (1) 进入炉、窑内清理检修，应采取充分的通风换气措施，测定槽内氧含量高于195%，在人孔处有专人监护。<br>(2) 检修中应按检修方案拆除安全装置，并有安全防护措施。安全防护装置的变更，应经安全部门同意，并应作好记录归档。<br>(3) 高处作业应佩戴安全带，安全通道、梯子、支架，不应利用煤气管道、氧气管道及重设备的支架。高处检修管道及电气线路，应使用起重卷扬机类设备人升降机，不应使用起重卷扬机类设备带人作业 | 《化学品生产单位设备检修作业安全规范》（AQ 3026）<br>《缺氧危险作业安全规程》（GB 8958） | 检修岗位 |
|  |  | (3) 检修结束未按程序进行试车，安全装置未及时恢复 | 火灾 机械伤害 其他伤害爆炸 | (1) 设备检修完毕，应先做单项试车，然后联动试车。试车时，操作工应到场，各阀门应调好程限，做好标记。<br>(2) 设备交出操作牌，应按规定程序进行。施工单位出操作牌，由操作人员送电操作，专人指挥，共同试车人员，不应进入试车规定的现场。<br>(3) 检修完毕，安全装置应及时恢复 | 《化学品生产单位设备检修作业安全规范》（AQ 3026） | 检修岗位 |

续表

电解分厂较大危险因素辨识与防范控制措施登记表

| 序号 | 场所/环节/部位 | 较大危险因素名称 | 易发生的事故类型 | 主要方法措施 | 主要依据 | 岗位负责人 |
|---|---|---|---|---|---|---|
| 一、检修维护和清理作业 | | | | | | |
| 2 | 承压设备检修 | 承压设备带压作业，进入设备内部未使用安全电源 | 灼烫 触电 机械伤害 | （1）检修承压设备前，应将压力泄放到常压状态；带料承压管道、拆卸管道及槽罐人孔等，应将料，风、汽、水排空；作业时不应垂直面对法兰，防止物料喷出。 （2）进入人员必须穿戴好防护用品，系好安全带，使用36V以下的电源照明。 | 《化学品生产单位设备检修作业安全规范》（AQ 3026） | 检修岗位 |
| 3 | | 炉窑改造由无资质单位施工 | 物体打击 机械伤害 其他爆炸 | （1）使用单位和施工单位应当由有资质的单位进行施工。 （2）炉窑改造重大维修方案应当制定重大维修方案应经过使用单位技术负责人批准 | 《施工总承包企业特级资质标准》（建市〔2007〕72号） | 检修岗位 |
| 二、危险作业 | | | | | | |
| 1 | 有限空间作业 | （1）进入有限空间"先通风、后检测、再作业"规定 | 中毒和窒息 | （1）作业人员必须经过安全教育培训，了解有限空间存在的风险。应指派专人全程监护，设置明显的安全警示标志和有限空间管理牌。 （2）进入有限空间必须坚持"先通风、后检测、再作业"的原则，经氧含量检测、有毒和有害气体含量检测至合格水平，作业人员方可能进入。 | 《工贸企业有限空间作业安全管理与监督行规定》（国家安全生产监督管理总局令第59号）《缺氧危险作业安全规程》（GB 8958） | 检修岗位 |

续表

电解分厂较大危险因素辨识与防范控制措施登记表

| 序号 | 场所/环节/部位 | 较大危险因素名称 | 易发生的事故类型 | 主要方法措施 | 主要依据 | 岗位负责人 |
|---|---|---|---|---|---|---|
| 二、危险作业 | | | | | | |
| 1 | 有限空间作业 | （1）进入有限空间未执行"先通风、后检测、再作业"规定 | 中毒和窒息 | （3）保持有限空间出入口畅通和强制通风。作业前、后，必须清点作业人员和工器具。进入有限空间应佩带煤气报警仪和氧气探测仪。（4）严禁盲目施救 | 《工贸企业有限空间作业安全管理与监督暂行规定》（国家安全生产监督管理总局令第59号）《缺氧危险作业安全规程（GB 8958）》 | 检修岗位 |
| | | （2）进入有限空间检修前，未进行毒害介质有效隔离，未实行停电、挂牌 | 触电 中毒和窒息 其他爆炸 | 进入有限空间检修前，必须确认切断煤气来源，必须用蒸汽、氮气或设施内气吹扫和置换煤气管道、设备及设施内的煤气，不允许用空气直接置换氮气和烟气的煤气置换完成后用空气置换氮气和烟气，然后进行含氧量检测，含氧量合格，确认安全措施后，方可进入 | 《工贸企业有限空间作业安全管理与监督暂行规定》（国家安全生产监督管理总局令第59号） | 检修岗位 |
| 2 | 动火作业 | （1）防范措施落实不到位 | 火灾 其他爆炸 | （1）防火区内施工应办理动火审批手续。（2）不应携带火种进入防火区域。（3）重点防火岗位检修维护设备应使用防爆工具。（4）作业现场应配备适宜数量的灭火设施 | 《生产区域动火作业安全规范》（HG 30010） | 检修岗位 |

电解分厂较大危险因素辨识与防范控制措施登记表

| 序号 | 场所/环节部位 | 较大危险因素名称 | 易发生的事故类型 | 主要方法措施 | 主要依据 | 岗位负责人 |
|------|------|------|------|------|------|------|
| 三、特种设备 | | | | | | |
| 1 | 特种设备 | 设备及其安全装置未按规定开展定期检验、检测、维修、保养及大修 | 火灾起重伤害 | （1）特种设备应由符合国家相应资质要求的专业单位设计、生产、安装、维修，经具有相应资质的检验机构检验合格，并取得安全使用证或取证标志方可使用。（2）特种设备使用的安全附件、安全保护装置、测量调控装置及有关附属仪器仪表应进行定期校验、检验，并作出记录。未经定期检验或者检验不合格的特种设备，不得继续使用。（3）特种设备使用单位对在用设备进行自行检查，日常维护保养时发现的异常情况，应当及时处理 | 《中华人民共和国特种设备法》（主席令第4号）《特种设备安全监察条例》（国务院令第549号） | 检修岗位 |
| 2 | 起重机械 | （1）吊运熔融金属起重机或铸造起重机不满足起重设备强制性安全技术条件 | 火灾起重伤害其他爆炸 | 吊运熔融金属起重机应使用符合冶金铸造起重机相关安全装置要求：①起重机起升机构的每套驱动系统应设置两套独立的工作制动器；②应设置起重量限制器；③应设置不同形式的上升极限位置的双重限位器；④起升高度>20m时，还应设置下置双重限位，并能控制不同的断路装置 | 《起重机械安全技术监察规程——桥式起重机》（TSG 0002） | |

电解分厂较大危险因素辨识与防范控制措施登记表

| 序号 | 场所/环节/部位 | 较大危险因素名称 | 易发生的事故类型 | 主要方法措施 | 主要依据 | 岗位负责人 |
|---|---|---|---|---|---|---|
| 三、特种设备 | | | | | | |
| | | （1）吊运金属熔融金属起重机是冶金铸造起重机或不满足强制性安全技术条件 | 火灾 起重伤害 其他爆炸 | 降极限位置限位器；⑤额定起重量>20t 应设置超速保护装置；⑥司机室和工作通道的门应设连锁保护装置；⑦大车行走机构应设置限位器和缓冲器以及止挡装置等 | 《起重机械安全技术监察规程——桥式起重机》（TSG 0002） | |
| 2 | 起重机械 | （2）起重机械功能缺失或失效 | 触电 起重伤害 高空坠落 | （1）严格执行起重机械、吊具检修、维护、专检、点检、巡检、月检、周检、日常性检查查管理制度，吊具必须在其安全系数允许范围内使用。 （2）吊车必须装有能从地面辨别额定荷重的标识，严禁超负荷运行。吊车滑线必须安装通电指示灯或采用其他吊车识别带电的措施。滑线必须布置在吊车司机室的另一侧；若布置在同一侧，必须采取安全防护措施。 （3）吊车必须设有下列安全装置：①吊车之间防碰撞装置；②大、小行车端头缓冲和防冲撞装置；③过载保护装置；④主、副吊扬限位、报警装置；⑤登吊车信号装置及门联锁装置；⑥露天作业的吊车必须设置安全防风装置；⑦端梁内侧应设置安全防护设施 | 《起重机械安全规程》（GB 6067） | 检修岗位 |

续表

电解分厂较大危险因素辨识与防范控制措施登记表

| 序号 | 场所/环节/部位 | 较大危险因素名称 | 易发生的事故类型 | 主要方法措施 | 主要依据 | 岗位负责人 |
|---|---|---|---|---|---|---|
| 三、特种设备 | | | | | | |
| 2 | 起重机械 | (3) 违规起重作业 | 火灾 灼烫 起重伤害 | (1) 起重作业应按规定路线进行。 (2) 起重机启动和移动时应发出声响与灯光信号，吊物不应从人员头顶和重要设备设施（操作室、易燃易爆气体管道及设施）上方越过，吊运时，吊车司机必须鸣笛，严禁同时操作大、小车；不应用吊物撞击其他物体或设备。 (3) 起重作业人员应遵循国家标准对现场指挥人员和起重机司机所使用基本信号和有关安全技术规定。起重指挥人员应于被起重机司机所识别。 | 《起重机械安全规程》(GB 6067) 《起重吊运指挥信号》(GB 5082) | 检修岗位 |
| 3 | 压力容器、管道 | (1) 超压使用、安全装置缺失或失效 | 火灾 物体打击 容器爆炸 | (1) 容器、管道的设计压力应当不小于在操作中可能遇到的最苛刻的压力与温度组合工况的压力。容器、管道不应超压运行。 (2) 应按规定设置安全装置、爆破片、紧急切断装置、压力表、液面计、测温仪表、安全联锁等安全装置。 (3) 应按规定设置安全阀、爆破片、阻火器、紧急切断装置等安全装置。 (4) 容器、管道使用操作规程应当在工艺操作规程和岗位操作规程中，明确提出容器、管道的安全操作要求。 | 《压力容器使用管理规则》(TSGR 25002) 《压力管道安全技术监察规程—工业管道》(TSGD 0001) | 检修岗位 |

续表

电解分厂较大危险因素辨识与防范控制措施登记表

| 序号 | 场所/环节部位 | 较大危险因素名称 | 易发生的事故类型 | 主要方法措施 | 主要依据 | 岗位负责人 |
|---|---|---|---|---|---|---|
| 四、电气设备 | | | | | | |
| 1 | 电气设备 | (1) 易燃易爆场所未设置防爆电器或防爆电器等级不够 | 触电 火灾 其他爆炸 | (1) 防爆场所应配用防爆电器。应根据爆炸性气体混合物危险区域的等级、组别，正确选择相应类型的级别和组别的电气设备，并应安装漏电保护装置。敷设的配电线路必须穿金属管保护。 (2) 每层厂房应设独立电源箱，使用断路保护器 | 《爆炸危险环境电力装置设计规范》(GB 50058) | 检修岗位 |
| | | (2) 临时线路未装总开关控制和漏电保护装置 | 触电 | (1) 临时线路敷设符合安全要求，应安装总开关控制和漏电保护装置。 (2) 临时用电设备PE（保护接地线）连接可靠 | 《低压配电设计规范》(GB 50054) | 检修岗位 |
| 2 | 主电室、电气室、配电室 | (1) 电气盘、箱、柜安全防护装置缺失 | 火灾 触电 | (1) 电气盘、箱、柜必须设置设备编号、当心触电标识、单线系统图、接地和接零标识。 (2) 相序线及接线标识规范，柜门保护接地并牢靠，接线位和母牌等裸露部位均有有机玻璃罩，穿线孔应封堵，线路应横平竖直，固定有序 | 《低压配电设计规范》(GB 50054) | 检修岗位 |

续表

电解分厂较大危险因素辨识与防范控制措施登记表

| 序号 | 场所/环节/部位 | 较大危险因素名称 | 易发生的事故类型 | 主要方法措施 | 主要依据 | 岗位负责人 |
|---|---|---|---|---|---|---|
| 四、电气设备 | | | | | | |
| 2 | 主电室、电气室、配电室 | (2) 高、低压电气柜前未铺设绝缘胶板，使用不合格安全用具 | 触电 | (1) 高压柜前必须铺设绝缘胶板。(2) 高压试电笔、绝缘手套、接地线等电工工具和防护用品必须按检验标准要求送检，并张贴标识，确保有效 | 《电业安全工作规程（发电厂和变电所电气部分）》(DL 408) | 检修岗位 |
| 3 | 电缆隧道 | 可燃气体、液体管道穿越和敷设于电缆隧道或电缆沟 | 火灾 | (1) 可燃气体、液体管道严禁穿越和敷设于电缆隧道（廊）道或电缆沟。(2) 氧气管道不得与燃油管道、腐蚀性介质管道和电缆、电线同沟敷设。(3) 动力电缆油管不得与可燃、助燃气体和燃油管道同沟敷设 | 《有色金属工程防火设计规范》(GB 50630) | 检修岗位 |
| 4 | 燃气（油）管道和钢制储罐 | 未设防静电装置和避雷装置 | 容器爆炸 其他爆炸 | (1) 露天设置的可燃气体、可燃液体钢制储罐必须设置防雷接地。(2) 输送氧气、乙炔、煤气、氢气等可燃或助燃的气体、液体管道必须设置防静电装置。每隔80~100m应重复接地，进车间的分支法兰处也应接地 | 《有色金属工程防火设计规范》(GB 50630) | 检修岗位 |
| 5 | 技改换热站 | 1号2号换热器 | 爆炸、烫伤 | 检修作业时：要确认换热器内无蒸汽进人，压力降为零，疏水阀门全部打开状态，温度降至40℃以下，方可开始作业。 | 《换热设备检修工艺规程》《电业安全工作规程》 | 机务检修岗位 |

续表

电解分厂较大危险因素辨识与防范控制措施登记表

| 序号 | 场所/环节部位 | 较大危险因素名称 | 易发生的事故类型 | 主要方法措施 | 主要依据 | 岗位负责人 |
|---|---|---|---|---|---|---|
| 五、熔炼 | | | | | | |
| 1 | 阳极组装二车间中频炉熔炼 | （1）中频炉原料、辅料、打渣工器具、取样工具潮湿接触高温铁水 | 灼烫伤、爆炸、火灾 | （1）中频炉使用原料、辅料料贮存必须保持干燥。（2）加料、打渣、取样前必须对原料和工器具进行预热。（3）必须穿戴好劳保防护用品、佩带好面罩、围裙、手扪子。（4）区域内严禁存放可燃物。（5）消防设施、设备完好 | 《铝电解安全生产规范》 | 中频炉熔炼工 |
| | | （2）加料、打渣、设备巡检触电 | 人身触电 | （1）加料、打渣设备必须断电。（2）设备巡检人员离带电设备1.5m以上。（3）劳保用品穿戴齐全、规范 | 《铝电解安全生产规范》 | 中频炉熔炼工 |
| | | （3）中频炉运行过程中循环水漏水 | 人身触电、爆炸、水淹没设备 | （1）设备漏水必须先断电再进行处理。（2）露点较大无法尽快制止时倒出铁水后待炉温冷却在100℃以下再进行处理。（3）保证应急排水坑及应急水泵完好 | 《铝电解安全生产规范》 | 中频炉熔炼工 |

续表

电解分厂较大危险因素辨识与防范控制措施登记表

五、熔炼

| 序号 | 场所/环节/部位 | 较大危险因素名称 | 易发生的事故类型 | 主要方法措施 | 主要依据 | 岗位负责人 |
|---|---|---|---|---|---|---|
| 2 | 阳极组装二车间自动线浇铸 | (1) 导杆坠落 | 砸伤人员及设备 | (1) 认真巡检悬链钟罩，发现异常立即检修，严禁使用。(2) 上导杆时必须二次确认是否牢固。(3) 现场加装安全防护围栏。(4) 人员必须行走专用通道 | 《铝电解安全生产规范》 | 阳极组装操作工 |
| | | (2) 铁水飞溅 | 灼烫伤、火灾 | (1) 浇铸时严格按照规程操作，严禁野蛮浇铸。(2) 浇筑前确认物料是否干燥，潮湿严禁使用。(3) 岗位人员必须将劳保用品穿戴齐全规范。(4) 区域内严禁存放可燃物。(5) 消防设施、设备完好 | 《铝电解安全生产规范》 | 阳极组装操作工 |
| | | (3) 日常操作 | 工器具伤害、物体打击、物料飞溅 | (1) 正确使用工器具，严禁野蛮作业。(2) 劳保用品穿戴齐全规范 | 《铝电解安全生产规范》 | 阳极组装操作工 |

续表

电解分厂较大危险因素辨识与防范控制措施登记表

| 序号 | 场所/环节/部位 | 较大危险因素名称 | 易发生的事故类型 | 主要方法措施 | 主要依据 | 岗位负责人 |
|---|---|---|---|---|---|---|
| 五、熔炼 | | | | | | |
| 2 | 阳极组装二车间自动线自转 | (4) 设备巡检 | 设备绞伤、触电伤害 | (1) 设备巡检严格按照时间、路线、部位进行。<br>(2) 上下岗位联保、互保。<br>(3) 严禁触摸任何转动设备。<br>(4) 防护罩、围栏必须保证完好。<br>(5) 设备巡检人员离带电设备1.5m以上 | 《铝电解安全生产规范》 | 阳极组装操作工 |
| | 阳极组装二车间自动线浇铸 | (5) 物料装卸 | 高空落物伤害 | (1) 特种作业必须持证上岗。<br>(2) 认真检查起吊设备、吊具完好。<br>(3) 严格按照规程操作。<br>(4) 吊装工具定期检验。<br>(5) 注意避让行人及设备。 | 《铝电解安全生产规范》 | 阳极组装操作工 |
| 3 | 阳极组装二车间电解质清碎 | 残极表面物料清理、破碎 | 工器具伤害、高空落物、碰撞、砸伤、设备绞伤、触电伤害 | (1) 穿戴好劳保用品。<br>(2) 残极、天车吊具检查确认无开焊、吊具合格方可使用。<br>(3) 特种作业必须持证上岗。<br>(4) 严格按照规程操作。<br>(5) 吊装工具定期检验。<br>(6) 注意避让行人及设备。<br>(7) 确认风管接头牢固、可靠 | 《铝电解安全生产规范》 | 外委队伍岗位人员 |

续表

电解分厂较大危险因素辨识与防范控制措施登记表

| 序号 | 场所/环节/部位 | 较大危险因素名称 | 易发生的事故类型 | 主要方法措施 | 主要依据 | 岗位负责人 |
|---|---|---|---|---|---|---|
| 五、熔炼 | | | | | | |
| 3 | 阳极组装二车间、电解质破碎清理 | 残极表面物料清理、破碎 | 工器具伤害、高空落物、碰撞、砸伤、设备绞伤、触电伤害 | (8) 严禁戴手套使用大锤。<br>(9) 避让行走车辆。<br>(10) 严禁触碰任何转动设备。<br>(11) 防护罩、围栏必须保证完好。<br>(12) 设备巡检人员离带电设备1.5m以上。<br>(13) 导杆安全销必须牢固。 | 《铝电解安全生产规范》 | 外委队伍岗位人员 |
| 六、净化 | | | | | | |
| 1 | 氧化铝焙烧炉煤气区域 | 煤气 | 煤气泄漏、煤气爆炸 | (1) 人员穿戴好劳保用品。<br>(2) 巡检过程中两人结伴而行，发现煤气泄漏立即采取应对措施。<br>(3) 进入有毒有害气体容易聚集场所应监测合格后，携带便携式毒气体泄漏监测仪。<br>(4) 煤气作业工作场所必须备有必要的联系信号、煤气压力表及风向向标志等。 | 《工业企业煤气安全规程》(GB 6222)、《铝电解安全生产规范》(GB 29741) | 焙烧炉巡操工 |
| 2 | 氧化铝焙烧炉煤气区域 | 皮带运输机 | 机械伤害 | (1) 输送机应有防打滑、防跑偏和防纵向撕裂的措施以及能随时停机的事故开关和事故报警铃；首轮、尾轮及拉紧装置应有防护装置。 | 《带式输送机安全规范》(GB 14784) | 焙烧炉巡操工 |

续表

电解分厂较大危险因素辨识与防范控制措施登记表

| 序号 | 场所/环节/部位 | 较大危险因素名称 | 易发生的事故类型 | 主要方法措施 | 主要依据 | 岗位负责人 |
|---|---|---|---|---|---|---|
| 六、净化 | | | | | | |
| 2 | 氢氧化铝焙烧炉煤气区域 | 皮带运输机 | 机械伤害 | （2）输送机运转期间，不应进行清扫和维修作业，也不应从胶带下方通过或乘坐，跨越皮带 | 《带式输送机安全规范》（GB 14784） | 焙烧炉巡操工 |
| 3 | 电解烟气净化区域 | 更换除尘器布袋 | 烟气中毒和窒息 | （1）作业人员穿戴安全帽、劳保服、防尘口罩、手套等劳保用品，携带照明电筒。（2）打开除尘器净气室检修门（盖）必须锁紧固定，等待5分钟后，方可进入箱体进行布袋检查，并有人在外监护，作业时，必须戴好防尘用品。（3）严禁带压进行布袋检查与更换作业 | 《铝电解安全生产规范》（GB 29741） | 净化巡操工 |
| 4 | 电解烟气净化区域 | 特种设备 | 起重伤害 | （1）特种设备应由符合国家相应资质要求的专业单位设计、生产、安装、维修，经具有相应资质的检验检测机构检验合格，并取得安全使用证或标志方可使用。（2）特种设备使用单位应当对在用特种设备的安全附件、安全保护装置、测量调控装置及有关附属仪器仪表进行 | 《中华人民共和国特种设备安全法》（主席令第4号）《特种设备安全监察条例》（国务院令第549号） | 净化焙班长 |

续表

电解分厂较大危险因素辨识与防范控制措施登记表

| 序号 | 场所/环节/部位 | 较大危险因素名称 | 易发生的事故类型 | 主要方法措施 | 主要依据 | 岗位负责人 |
|---|---|---|---|---|---|---|
| 六、净化 | | | | | | |
| 4 | 电解烟气净化区域 | 特种设备 | 起重伤害 | 定期校验、检修，并作出记录。未经定期检验或者检验不合格的特种设备，不得继续使用。<br>(3) 特种设备使用单位对在用设备进行自行检查，日常维护保养时发现的异常情况，应当及时处理 | 《中华人民共和国特种设备法》《主席令第4号》《特种设备安全监察条例》（国务院令第549号） | 净化焙烧班长 |
| 5 | 电解净化焙烧区域 | 有限空间作业 | 中毒和窒息 | (1) 作业人员必须经过安全教育培训，了解有限空间存在的风险，应指派专人全程监护，设置明显的安全警示标志和有限空间管理牌。<br>(2) 进入有限空间必须坚持"先通风、后检测、再作业"的原则，经呈含量检测有毒有害气体含量检测至合格水平，作业人员方能进入。<br>(3) 保持有限空间出入口畅通和强制通风。作业前、后，必须清点作业人员和工器具。进入有限空间应携带便携式煤气报警仪和氧气探测仪。<br>(4) 严禁盲目施救 | 《工贸企业有限空间作业安全管理与监督暂行规定》（国家安全生产监督管理总局令第59号）《缺氧危险作业安全规程》（GB 8958） | 净化焙烧班长 |

续表

电解分厂较大危险因素辨识与防范控制措施登记表

| 序号 | 场所/环节部位 | 较大危险因素名称 | 易发生的事故类型 | 主要方法措施 | 主要依据 | 岗位负责人 |
|---|---|---|---|---|---|---|
| 七、电解 | | | | | | |
| 1 | 启动槽作业 | (1) 压接不可靠 | 机械伤害、触电 | 装拆分流片，软连接作业前戴好防护眼镜、绝缘手套等劳保用品。 | 《铝电解安全生产规范》（GB 29741） | 电解操作岗位 |
| | | (2) 槽电压异常 | 触电、灼烫、机械伤害 | (1) 拆除分流片时，要先拆水平母线压接处，并在分流片水平母线之间装上一绝缘体。拆充分流片后注意观察电压片的变化，同时安排人员测量阳极电流分布情况。<br>(2) 对通电焙烧的电解槽要在其控制机上设置安全警示标志。在焙烧期间，要时刻关注槽电压，出现电压升任上升的趋势要及时处理。<br>(3) 停电开停槽时，要确认系列电流为0时，方可操作短路口，以防短路口放炮 | 《铝电解安全生产规范》（GB 29742） | 电解操作岗位 |
| 2 | 电解槽管理 | 漏炉 | 火灾、其他爆炸、触电 | (1) 制定漏炉事件应急处置方案（预案），并定期演练。<br>(2) 建立破损槽管理制度 | 《铝电解安全生产规范》（GB 29743） | 电解操作岗位 |
| 3 | 测量作业 | 工器具潮湿 | 灼伤、触电 | (1) 工具使用前充分预热。<br>(2) 工具使用完毕后，存放在指定干燥位置。<br>(3) 穿戴好绝缘鞋等劳动防护用品 | 《铝电解安全生产规范》（GB 29744） | 电解操作岗位 |

续表

电解分厂较大危险因素辨识与防范控制措施登记表

| 序号 | 场所/环节部位 | 较大危险因素名称 | 易发生的事故类型 | 主要方法措施 | 主要依据 | 岗位负责人 |
|---|---|---|---|---|---|---|
| 七、电解 | | | | | | |
| 4 | 换极作业 | 操作人员站位不当 | 灼伤、触电 | （1）在残极提出、新极未装之前，操作人员不应站在槽沿板上。<br>（2）工具使用前应充分预热。<br>（3）穿戴劳动防护用品，穿戴绝缘鞋。<br>（4）禁止站在槽沿板上或踩踏到壳面上加料整形 | 《铝电解安全生产规范》（GB 29745） | 电解操作岗位 |
| 5 | 抬母线作业 | 提升机失控 | 起重伤害、其他爆炸、触电 | （1）抬母线前，应确认电解槽状态。<br>（2）电解槽处于失效等待期间不应进行抬母线。注意水平母线提升过程中要有专人监控槽电压，槽电压上升应小于300mV，否则应停止上升继续提升操作，查找出槽电压上升的原因并采取措施处理完毕后方可继续操作。<br>（3）抬母线前，应确保母线提升机各机构正常有效。<br>（4）气动三联件压力不低于 0.5MPa，确保母线提升框架气压正常，压接有效。 | 《铝电解安全生产规范》（GB 29746） | 电解操作岗位 |

续表

电解分厂较大危险因素辨识与防范控制措施登记表

七、电解

| 序号 | 场所/环节部位 | 较大危险因素名称 | 易发生的事故类型 | 主要方法措施 | 主要依据 | 岗位负责人 |
|---|---|---|---|---|---|---|
| 5 | 抬母线作业 | 提升机失控 | 起重伤害、其他伤害、触电 | （5）提升阳极母线时，升降母线框架必须从地面人员的指挥，在不明白指示和信号或有疑问时，应重复确认，不得任意放置。<br>（6）提升水平母线过程中，必须有一个母线工认真检查槽上部机构，发现异常情况要立即停止作业，待排除异常后方可继续操作 | 《铝电解安全生产规范》（GB 29746） | 电解操作岗位 |
| 6 | 熄灭效应作业 | 电解质或铝液溅出 | 灼烫 | （1）在向电解槽插人或拔出效应棒时，不应正对电解槽。<br>（2）穿戴阻燃服等个体防护用品。<br>（3）效应过程中，电压超过30mV，需手动把电压降到30mV以下，防止电压过高引起放炮事故 | 《铝电解安全生产规范》（GB 29747） | 电解操作岗位 |
| 7 | 出铝作业 | （1）工器具潮湿 | 灼烫 | （1）工具使用前充分预热。<br>（2）工具使用完毕后，存放在指定干燥位置 | 《铝电解安全生产规范》（GB 29748） | 电解操作岗位 |

续表

电解分厂较大危险因素辨识与防范控制措施登记表

七、电解

| 序号 | 场所/环节/部位 | 较大危险因素名称 | 易发生的事故类型 | 主要方法措施 | 主要依据 | 岗位负责人 |
|---|---|---|---|---|---|---|
| 7 | 出铝作业 | (2) 出铝包未烘干 | 灼烫、其他爆炸 | (1) 新使用或修补过的包，间断使用的铝包应作标识，以提醒使用人员观察，且应预热后方可使用。<br>(2) 严禁垫物打出铝孔。<br>(3) 预热空气和其他潮湿工具进行对喷射泵除灰，以防带进水分。<br>(4) 严禁站在包盖背面作业，防范突然爆炸造成包盖弹起伤人事故。<br>(5) 吸出作业时，不得在驾驶室操作天车 | 《铝电解安全生产规范》（GB 29749） | |
| | | (3) 真空包铝液超量吸铝 | 烫伤 | (1) 出铝时作业人员应距离观察口侧面15cm以外进行观察。<br>(2) 铝液盛装不能过满，应低于铝包口20cm左右 | 《铝电解安全生产规范》（GB 29750） | |
| | | (4) 槽电压异常 | 触电 | (1) 出铝作业必须有人关注槽控箱，做好槽电压控制，达到出铝状态。<br>(2) 出铝作业应两人配合作业 | 《铝电解安全生产规范》（GB 29751） | |

续表

电解分厂较大危险因素辨识与防范控制措施登记表

| 序号 | 场所/环节/部位 | 较大危险因素名称 | 易发生的事故类型 | 主要方法措施 | 主要依据 | 岗位负责人 |
|---|---|---|---|---|---|---|
| 七、电解 | | | | | | |
| 7 | 出铝作业 | (5) 抬包吊架损坏 | 起重伤害 | (1) 注意检查抬包吊架。<br>(2) 吊架有裂纹时，及时进行更换 | 《铝电解安全生产规范》（GB 29752） | |
| | | (6) 抬包倾翻 | 灼烫、火灾、其他爆炸 | (1) 出铝作业前应将倾包装置锁上。<br>(2) 清包作业前应将抬包放平稳，扎紧分管，紧固风嘴连接头，安装防脱装置。<br>(3) 抬包应冷却后方可进行清理 | 《铝电解安全生产规范》（GB 29753） | |
| 8 | 取电解质、取铝样、捞碳渣等作业 | 工器具潮湿 | 灼伤、触电 | (1) 工具使用前充分预热。<br>(2) 工具使用完毕后，存放在指定干燥位置。<br>(3) 穿戴好绝缘鞋等劳动防护用品 | 《铝电解安全生产规范》（GB 29754） | |
| 八、厂外运输 | | | | | | |
| 1 | 抬包车厂外运输铝液 | 抬包车运铝 | 车辆翻车铝液溢出烧毁车辆、发生交通事故 | 遵守交通规则，礼让三先，严禁超速行驶，稳驾慢行 | 中国道路交通安全法 | 抬包车司机 |

续表

炭素分厂较大危险因素辨识与防范措施

| 序号 | 场所/环节部位 | 较大危险因素名称 | 易发生的事故类型 | 主要防范措施 | 主要依据 | 岗位负责人 |
|---|---|---|---|---|---|---|
| （一）生产区域 | | | | | | |
| 1 | 沥青（热媒）系统 | （1）热媒油系统作业不规范、巡（点）检不到位 | 火灾灼烫伤 | （1）作业时佩戴好隔热手套、有机面罩等劳动保护用品。<br>（2）严格按操作规程作业，不违章操作。<br>（3）在醒目地方和危险地方悬挂安全警示牌和标明安全通道。<br>（4）巡检、操作时需提高安全警惕，与高温部位保持安全距离。<br>（5）将高温部位与外界做好隔离，热媒管道加装保温。<br>（6）热媒系统区域动火或带火源施工前办理一级动火票，并制定详细的动火作业方案和安全保证措施并严格落实。<br>（7）热媒系统消防设施和专用工器具专人管理。在规定的地点摆放整齐，保持备用状态。<br>（8）热媒新系统启动前，要对设备、管路设备进行吹扫，除锈及打压试验，启动前一定要排出设备内残留的水，避免油温升高。<br>（9）值班人员，必须每隔两小时对热媒系统设备及管路进行巡检，巡检按巡检运行规程中巡回检查路线执行。<br>（10）保持热媒系统周围环境的整齐、干净，严禁乱堆乱放其他物品。定时采取通风散热措施，保持工作场所空气通畅，保证工作场所内所有设备设施不超温运行 | 《工业企业煤气安全规程》（GB 6222） | 热煤油、沥青岗位人员 |

续表

炭素分厂较大危险因素辨识与防范措施

| 序号 | 场所/环节/部位 | 较大危险因素名称 | 易发生的事故类型 | 主要防范措施 | 主要依据 | 岗位负责人 |
|---|---|---|---|---|---|---|
| （一） | 生产区域 | | | | | |
| 1 | 沥青（热媒）系统 | （2）液体沥青系统作业不规范，巡（点）检不到位 | 火灾灼烫伤中毒 | （1）沥青系统区域动火或带火源施工前办理一级动火票，并制定详细的动火作业方案和安全保证措施并严格落实。<br>（2）沥青系统消防设施和专用工器具专人管理，在规定的地点摆放整齐，保持备用状态。<br>（3）液体沥青注入人必须严格遵守《内蒙古大唐国际再生资源开发有限公司炭素分厂沥青（热媒）系统安全生产管理办法》第十七条规定。<br>（4）值班人员，必须每隔两小时对热煤系统设备及管路进行巡检，巡检按照运行规程中巡回检查路线执行。<br>（5）保持热媒系统周围环境的整齐、干净，严禁乱堆乱放其他物品。定时采取通风散热措施，保持工作场所空气通畅，保证工作场所内所有设备设施不超温运行。<br>（6）沥青作业人员正确穿戴防护用品，工作结束后及时洗澡。<br>（7）沥青装卸、搬运在夜间或无阳光照射的情况下进行。<br>（8）沥青操作时应在上风侧。 | 《工业企业煤气安全规程》（GB 6222） | 热煤油、沥青岗位人员 |

续表

炭素分厂较大危险因素辨识与防范措施

| 序号 | 场所/环节/部位区域 | 较大危险因素名称 | 易发生的事故类型 | 主要防范措施 | 主要依据 | 岗位负责人 |
|---|---|---|---|---|---|---|
| (一) 生产区域 | | | | | | |
| 1 | 沥青(热煤)系统 | (2) 液体沥青系统作业不规范,巡(点)检不到位 | 火灾 灼烫伤 中毒 | (9) 人与沥青不得直接接触。<br>(10) 加强厂房通风,烟气净化设施100%运行。<br>(11) 皮肤病患者及对沥青过敏者不应从事沥青作业。 | 《工业企业煤气安全规程》(GB 6222) | 热煤油、沥青岗位人员 |
| 2 | 煤气管道、设施 | 煤气管道或煤气设施检修 | 火灾 爆炸 中毒 | (1) 在煤气管道、设备周边动火作业前必须办理一级动火工作票,制定详细措施并严格落实。<br>(2) 煤气设施停煤气检修时,应可靠地切断煤气来源并将内部煤气吹净。<br>(3) 在醒目地方和危险地方悬挂"禁止烟火"安全警示牌。<br>(4) 煤气设施停煤气检修时,应可靠地切断煤气来源并将内部煤气吹净。<br>(5) 进入煤气使用区域内工作时,应携带一氧化碳及氧气监测装置,并采取防护措施,必要时设专职监护人。<br>(6) 煤气区域作业人员应佩戴呼吸器或通风式防毒面具。 | 《工业企业煤气安全规程》《内蒙古大唐国际再生资源开发有限公司消防安全管理制度》《工业企业煤气安全规程》 | |

炭素分厂较大危险因素辨识与防范措施

| 序号 | 场所/环节/部位 | 较大危险因素名称 | 易发生的事故类型 | 主要防范措施 | 主要依据 | 岗位负责人 |
|---|---|---|---|---|---|---|
| （一） | 生产区域 | | | | | |
| 2 | 煤气管道、设施 | 煤气管道或煤气设施检修 | 火灾爆炸中毒 | （7）发现有人煤气中毒时，应先佩戴正压式空气呼吸器将中毒人员救至良好通过风地点，同时切断煤气来源，采取急救。<br>（8）煤气厂房应保持良好通风，并在醒目地方和危险地方悬挂安全警示牌。<br>（9）煤气作业人员应在上风侧进行操作 | 《工业企业煤气安全规程》《内蒙古大唐国际再生资源开发有限公司消防安全管理制度》《工业企业煤气安全规程》 | 岗位负责人 |
| （二） | 特种设备 | | | | | |
| 1 | 特种设备 | 设备及其安全装置未按规定开展定期检验、检测、维修、保养及大修 | 火灾起重伤害 | （1）特种设备应由符合国家相应资质要求的专业单位设计、生产、安装、维修，经具有相应资质的检验机构检验合格，并取得安全使用证或准用标志方可使用。<br>（2）特种设备使用单位应当对在用特种设备的安全附件、安全、保护装置、测量调控装置及有关附属仪器仪表进行定期校验、检验并作出记录，未经定期检验或者检验不合格的特种设备，不得继续使用。<br>（3）特种设备使用单位对在用特种设备进行自行检查，日常维护保养时发现的异常情况，应当及时处理 | 《中华人民共和国特种设备安全法》《主席令第4号》《特种设备安全监察条例》（国务院令第549号） | 特种设备维修、使用人员 |

续表

炭素分厂较大危险因素辨识与防范措施

| 序号 | 场所/环节/部位 | 较大危险因素名称 | 易发生的事故类型 | 主要防范措施 | 主要依据 | 岗位负责人 |
|------|------|------|------|------|------|------|
| (二) 特种设备 | | | | | | |
| 2 | 起重机械 | (1) 起重机械功能缺失或失效 | 触电 起重伤害 高空坠落 | (1) 严格执行起重机械、吊具检修、维护、专检、点检、巡检、月检、周检、日常性检查管理制度，吊具必须在其安全系数允许范围内使用。 (2) 吊车必须装有能从地面辨别额定载重的标识，严禁超负荷运行。吊车滑线通电指示灯或采用其他吊车司机室的安装通电指示灯或采用其他吊车司机室的措施。滑线布置在同一侧，必须采取安全防护措施；若布置在另一侧。 (3) 吊车必须设有下列安全装置：①吊车之间防碰撞装置；②大、小行车端头缓冲和防碰撞装置；③过载保护装置；④主、副卷扬限位、报警装置；⑤登吊车信号装置及门联锁装置；⑥露天作业吊车侧应设置安全防风装置；⑦端梁内侧应设置安全防护设施。 | 《起重机械安全规程》(GB 6067) | 特种设备维修、使用人员 |
| | | (2) 违规起重作业 | 火灾 灼烫 起重伤害 | (1) 起重作业按规定路线进行。 (2) 起重机启动和移动时应发出声响与灯光信号，吊物从人员头顶和重要设备设施（操作室、易燃易爆气体管道及设施）上方越过；吊运时，吊车司机室、小车、不应用吊物撞击设备或其他禁同时操作大、小车，不应用吊物撞击设备或其他物体或设备吊物上不应有人。 | 《起重机械安全规程》(GB 6067) 《起重吊运指挥信号》(GB 5082) | 特种设备维修、使用人员 |

续表

炭素分厂较大危险因素辨识与防范措施

| 序号 | 场所/环节/部位 | 较大危险因素名称 | 易发生的事故类型 | 主要防范措施 | 主要依据 | 岗位负责人 |
|---|---|---|---|---|---|---|
| （二）特种设备 | | | | | | |
| 2 | 起重机械 | （2）违规起重作业 | 火灾、灼烫、起重伤害 | （3）起重作业应遵循国家标准所使用现场指挥人员和起重机司机对现场有关起重技术规定。起重机指挥信号司机所识别 | 《起重机械安全规程》（GB 6067）《起重吊运指挥信号》（GB 5082） | 特种设备维修、使用人员 |
| 3 | 压力容器、管道 | 超压使用、安全装置缺失或失效 | 火灾、物体打击、容器爆炸 | （1）容器、管道的设计压力应当不小于在操作中可能遇到的最苛刻的压力与温度组合工况的压力。容器、管道不应超温超压运行。（2）应按规定设置安全阀、爆破片、紧急切断装置、压力表、液面计、测温仪表、安全联锁等装置。（3）应按规定设置安全阀、爆破片、阻火器、紧急切断装置等安全装置。（4）容器、管道使用单位应当在工艺操作规程和岗位操作规程中，明确提出容器、管道操作的安全操作要求 | 《压力容器使用管理规则》（TSGR 5002）《压力管道安全技术监察规程——工业管道》（TSGD 0001） | 特种设备维修、使用人员 |
| （三）电气 | | | | | | |
| 1 | 主电室、电气室、配电室 | 电气盘、箱、柜、安全防护装置缺失 | 火灾、触电 | （1）电气盘、箱、柜必须设置设备编号、当心触电标识、单线系统图、接地和接零标识。（2）相序线及接线位、接地和母线标识规范、柜门保护有机玻璃窗、穿线母牌等裸露部位均有有、线路应横平竖直、固定有序 | 《低压配电设计规范》（GB 50054） | 电气检修、运行人员 |

续表

炭素分厂较大危险因素辨识与防范措施

| 序号 | 场所/环节/部位 | 较大危险因素名称 | 易发生的事故类型 | 主要防范措施 | 主要依据 | 岗位负责人 |
|---|---|---|---|---|---|---|
| （四）危险作业 | | | | | | |
| 1 | 炉、窑类设备及附属设施 | 设备及附属设施未定期检查、出现焊缝开裂、腐蚀、破损、明显变形、机械失灵 | 物体打击中毒和窒息 | （1）炉、窑等设备及附属设施应定期检查，出现焊缝开裂、腐蚀、破损、明显变形、机械失灵应报修或报废。（2）炉、窑等设备顶部应有专用检修通道，顶部观察孔应有防护隔栅。 | 《电解铝企业安全生产标准化评定标准》 | 检修人员 |
| 2 | 煤气等有毒有害气体危险区域 | 进入危险区域未佩戴个人防护用具 | 中毒和窒息 | （1）进入有毒有害气体容易聚集场所应监测合格后，携带便携式面具。到该岗位区域作业的人员，应配备便携式一氧化碳报警仪，佩戴防毒面具；含尘岗位作业人员，一氧化碳报警仪应定期校核。（2）煤气作业工作场所必须有必要的安全信号；煤气压力表及风向标志等联系信号。（3）进入煤气设备内部工作时，所用照明电压不得超过12V | 《工业企业煤气安全规程》（GB 6222） | 检修人员 |
| 3 | 有限空间作业 | 进入"先通风、后检测、再作业"规定 | 中毒和窒息 | （1）作业人员必须经过安全教育培训，了解有限空间存在的风险。应指派专人全程监护，设置明显的安全警示标志和有限空间管理牌。（2）进入有限空间必须坚持"先通风、后检测、再作业"的原则，经氧含量和有毒有害气体含量检测至合格方可作业。 | 《工贸企业有限空间作业安全管理与监督暂行规定》（国家安全生产监督管理总局令第59号）《缺氧危险作业安全规程》（GB 8958） | 检修人员 |

炭素分厂较大危险因素辨识与防范措施

| 序号 | 场所/环节部位 | 较大危险因素名称 | 易发生的事故类型 | 主要防范措施 | 主要依据 | 岗位负责人 |
|---|---|---|---|---|---|---|
| （四） | 危险作业 | | | | | |
| 3 | 有限空间作业 | 进入有限空间未执行"先通风、后检测、再作业"规定 | 中毒和窒息 | （3）保持有限空间出入口畅通和强制通风，作业前后必须清清人有限空间。有限空间作业人员和工器具进入限空间应携带煤气报警仪和氧气探测仪。（4）严禁盲目施救。 | 《工贸企业有限空间作业安全管理与监督暂行规定》（国家安全生产监督管理总局令第59号）《缺氧危险作业安全规程》（GB 8958） | 检修人员 |
| 4 | 动火作业 | 防范措施落实不到位 | 火灾 其他爆炸 | （1）防火区内施工应办理动火审批手续。（2）不应携带火种进入防火区域。（3）重点防火岗位检修维护设备应使用防爆工具。（4）作业现场应配备适宜数量的灭火设施 | 《生产区域动火作业安全规范》（HG 30010） | 检修人员 |
| （五） | 检维修和清理作业 | | | | | |
| 1 | 检维修作业 | （1）检修过程中未落实检维修作业方案 | 火灾 高处坠落 机械伤害 | （1）进入炉、窑内清理检修，应采取充分的通风换气措施，测定槽罐内氧含量高于19.5%，在人孔处有专人监护。（2）检修中应按检修方案拆除安全装置，并有安全防护措施。安全防护装置的变更，应经安全部门同意，并应作好记录归档。 | 《化学品生产单位设备检修作业安全规范》（AQ 3026）《缺氧危险作业安全规程》（GB 8958） | 检修人员 |

续表

炭素分厂较大危险因素辨识与防范措施

| 序号 | 场所/环节/部位 | 较大危险因素名称 | 易发生的事故类型 | 主要防范措施 | 主要依据 | 岗位负责人 |
|---|---|---|---|---|---|---|
| (五) | 检维修和清理作业 | | | | | |
| 1 | 检维修作业 | (1) 检修过程中未落实检维修作业方案 | 火灾 高处坠落 机械伤害 | (3) 高处作业应佩戴安全带，通道、梯子、支架、吊台或吊盘，不应利用煤气管道、氧气管道及检修管道作起重设备的支架。高处检修管道及电气线路，应使用乘人升降机，不应使用起重卷扬机类设备带人作业。 | 《化学品生产单位设备检修作业安全规范》(AQ 3026) 《缺氧危险作业安全规程》(GB 8958) | 检修人员 |
| | | (2) 检修结束未按程序进行试车、安全装置未及时恢复 | 火灾 机械伤害 其他爆炸 | (1) 设备检修完毕，试车时，应先做单项试车，然后后联动试车。试车时，操作工应到现场，各阀门调好行程极限，做好标记。 (2) 设备试车应按规定程序进行，施工单位交出操作牌，由操作人员送电操作，专人指挥，共同试车。非操作人员不应进入试车现场。 (3) 检修完毕，安全装置应及时恢复。 | 《化学品生产单位设备检修作业安全规范》(AQ 3026) | 检修人员 |
| 2 | 承压设备检修 | 承压设备带电作业，进入设备内部未使用安全电源 | 烫伤 触电 机械伤害 | (1) 检修承压设备前，应将压力泄放到常压状态；带料承压管道、容器不应重力敞开打卸管道及罐体进入孔等，应将料、风、汽、水排空；作业时不应垂直面对法兰，防止物料喷出。 (2) 进入人员必须穿戴好防护用品，系好安全带，使用36V以下的电源照明。 | 《化学品生产单位设备检修作业安全规范》(AQ 3026) | 检修人员 |

动力分厂较大危险因素辨识与防范控制措施登记表

| 序号 | 场所/环节/部位 | 较大危险因素名称 | 易发生的事故类型 | 主要方法措施 | 主要依据 | 岗位负责人 |
|---|---|---|---|---|---|---|
| 1 | 电气设备 | 易燃易爆场所未设置防爆电器或防爆电器等级不够 | 触电、火灾、其他爆炸 | 防爆场所应配备防爆电器，应根据爆炸性危险区域的等级及爆炸性气体混合物的级别和组别，正确选择相应类型的电气设备，并应安装漏电保护装置，敷设的配电线路必须穿金属保护管 | 《爆炸危险环境电力装置设计规范》（GB 50058） | 操作工、值班员、班长 |
| 2 | 配电室、变电站 | （1）电气盘、箱、柜安装防护装置缺失。（2）高压电气柜前未铺设绝缘胶垫，使用不合格安全用具 | 火灾、触电 | （1）电气盘、箱、柜必须设置设备编号，当心触电标示、系统图。（2）柜门保护接地并用军靴，穿线孔必须封堵。（3）高压柜前必须铺设绝缘胶垫。（4）绝缘手套、接地线等电工工具和防护用品必须按检验标准送检，确保有效 | 《低压配电设计规范》（GB 50054）《电业安全工作规程》（DL 408） | 操作工、值班员、班长 |
| 3 | 换热站、全厂减温减压站 | 蒸汽烫伤 | 压力容器爆裂、烫伤 | （1）定期压力容器检测。（2）管道输水必须正常，杜绝撞管问题发生 | 二十五项反措 | 操作工、值班员、班长 |

续表

动力分厂较大危险因素辨识与防范控制措施登记表

| 序号 | 场所/环节/部位 | 较大危险因素名称 | 易发生的事故类型 | 主要方法措施 | 主要依据 | 岗位负责人 |
|---|---|---|---|---|---|---|
| 4 | 电缆沟道 | 可燃气体、液体管道穿越和敷设于电缆沟道 | 火灾、爆炸 | (1) 可燃气体、液体管道严禁穿越和敷设于电缆沟道。<br>(2) 氧气管道不得与燃油管道、腐蚀性介质管道和电缆同沟敷设。<br>(3) 动力电缆不得与可燃、助燃气体和燃油管道同沟敷设 | 《有色金属工程防火设计规范》(GB 50630) | 操作工、值班员、班长 |
| 5 | 氧化铝同位素仪表 | 电离辐射 | 易发生人身伤害事故 | (1) 同位素仪表工作人员必须经过放射性基础知识、放射性同位素源操作考试合格，持有上级主管部门颁发的《辐射工作人员上岗证》方可上岗。<br>(2) 安装、贮存放射性同位素设置明显的放射场所，应当按照国家有关规定设置警告标志。<br>其人口处应当按照国家防护安全装置并画出安全线，严禁非操作人员靠近安全线。<br>(3) 贮存、领取、使用、归还放射源装置时，应当进行登记、检查，做到账物相符。对放射性同位素贮存场所应当采取防火、防水、防盗、防丢失、防破坏、防射线泄漏的安全措施 | 《放射性同位素仪表安全和防护管理办法》 | 操作工、值班员、班长 |

化验室较大危险因素辨识与防范控制措施登记表

| 序号 | 场所/环节/部位 | 较大危险因素名称 | 易发生的事故类型 | 主要方法措施 | 主要依据 | 岗位负责人 |
|---|---|---|---|---|---|---|
| 1 | 氧化铝分厂取样，化验室液相分析室，化验室试剂配制室 | 酸碱液易溅出，接触皮肤 | 酸碱烧伤 | （1）穿戴好劳保用品，带好硼酸小洗瓶，缓慢打开放料阀侧面取样。（2）转移样品时戴好护眼镜、口罩、耐酸碱手套。（3）稀释硫酸时按规程将酸缓慢加入水中，佩戴防护眼镜、口罩、耐酸碱手套 | 《质量保证部采制化技术规程》 Q/CDT － IZSZY- SC10081 | 运行班长 |
| 2 | 氧化铝分厂 | 在槽罐上方取样时护栏损坏 | 高空坠落 | 穿戴好劳保用品，上下楼梯扶好扶手 | 《质量保证部采制化技术规程》 Q/CDT － IZSZY- SC10081 | 运行班长 |
| 3 | 质保部化验室固相分析室 | 熔融样品溅出 | 高温烫伤 | 摇钵时检查钳子是否完好，确定将坩埚夹紧，佩戴护眼镜、口罩、耐高温手套 | 《质量保证部采制化技术规程》 Q/CDT － IZSZY- SC10081 | 运行班长 |
| 4 | 危化品储存设施 | 库房内多种化学品混放 | 火灾、其他爆炸 | 库房内化学品不应混放，应按照药品理化性质分类存放，库房照明应使用防爆灯具 | 《常用化学危险品贮存通则》（GB 15603） | 综合班长 |

附录二　《化学品生产单位特殊作业安全规范》（GB 308071—2014）（略）

# 参 考 文 献

[1] 杜科选，柴永成，张维民，等．铝电解和铝合金铸造生产与安全 ［M］．北京：冶金工业出版社，2012.

[2] 李旺兴．氧化铝生产理论与工艺 ［M］．长沙：中南大学出版社，2010.

[3] 王克勤．铝冶炼工艺 ［M］．北京：化学工业出版社，2010.

[4] 郎光辉．姜玉敬．铝电解用炭素材料技术与工艺 ［M］．北京：冶金工业出版社，2012.

[5] 杨义洪，余海艳．氧化铝生产创新工艺新技术、设备选型与维修及质量检验标准实用手册 ［M］．北京：冶金工业出版社．

[6] 杨富．冶金安全生产技术 ［M］．北京：煤炭工业出版社，2010.

[7] 刘风琴．铝用碳素生产技术 ［M］．长沙：中南大学出版社，2010.

[8] 肖扬，翁得明．烧结生产技术 ［M］．北京：冶金工业出版社，2013.

[9] 梁学民，张松江．现代铝电解生产技术与管理 ［M］．长沙：中南大学出版社，2011.

[10] 张怀武，姚定邦．碳素成型工 ［M］．北京：冶金工业出版社，2013.

[11] 张瑞兵．铝业安全生产管理实务 ［M］．北京：化学工业出版社，2016.

[12] 中华人民共和国国家标准．铝电解安全生产规范（GB 29741/2013）．

[13] 中华人民共和国国家标准．氧化铝安全生产规范（ GB 30186/2013）．

[14] 中华人民共和国国家标准．炭素生产安全卫生规范（GB 15600/2008）．